高等学校"十三五"实验实训规划教材

材料物理专业实验教程

曹万强　江　娟　张传坤　鲍钰文　编著

北　京

冶金工业出版社

2016

内 容 提 要

本书共分为4个部分，包括40个实验，详细介绍了电子功能陶瓷及其薄膜和纳米颗粒的制备原理、工艺技术、性能测试和压电应用。目的是使学生对从电子陶瓷材料的制备到具体应用有全方位的初步了解。

本书可作为材料物理、复合材料、无机非金属、电子科学与技术及其他相关专业本科学生的实验指导教材和研究生的实验指导书，也可作为陶瓷材料实验指导教师的参考资料及相关企业的技术指导参考书。

图书在版编目（CIP）数据

材料物理专业实验教程/曹万强等编著 . —北京：冶金工业出版社，2016.2

高等学校"十三五"实验实训规划教材

ISBN 978-7-5024-7151-4

Ⅰ.①材… Ⅱ.①曹… Ⅲ.①材料科学—物理学—实验—高等学校—教材 Ⅳ.①TB303-33

中国版本图书馆 CIP 数据核字（2016）第 010521 号

出 版 人　谭学余
地　　址　北京市东城区嵩祝院北巷 39 号　邮编　100009　电话　(010)64027926
网　　址　www.cnmip.com.cn　电子信箱　yjcbs@cnmip.com.cn
责任编辑　李 臻　卢 敏　美术编辑　吕欣童　版式设计　孙跃红
责任校对　禹 蕊　责任印制　李玉山
ISBN 978-7-5024-7151-4
冶金工业出版社出版发行；各地新华书店经销；固安华明印业有限公司印刷
2016 年 2 月第 1 版，2016 年 2 月第 1 次印刷
787mm×1092mm　1/16；8.25 印张；199 千字；126 页
28.00 元
冶金工业出版社　投稿电话　(010)64027932　投稿信箱　tougao@cnmip.com.cn
冶金工业出版社营销中心　电话　(010)64044283　传真　(010)64027893
冶金书店 地址　北京市东四西大街 46 号(100010)　电话　(010)65289081(兼传真)
冶金工业出版社天猫旗舰店　yjgycbs.tmall.com
（本书如有印装质量问题，本社营销中心负责退换）

前　言

先进材料的制备是当今电子器件的应用基础。由介电、压电和铁电等无机非金属材料制备的电子陶瓷器件因其独特的性能而极其广泛地应用于军事与民用的各个领域，一直备受关注。

本书涉及电子陶瓷的制备、性能测试和表征及压电器件的应用三个方面。在制备方面又分为基础和综合设计两个部分。电子陶瓷的制备具体分为陶瓷材料的配方、称量、各种粉体制备方法、薄膜制备、体材制备等传统项目；性能测试和表征分为介电、压电、铁电、压敏和半导体性能测试以及表面观察、密度及硬度测试；综合设计部分分为综合传统陶瓷的设计和先进陶瓷的制备；在压电器件的应用方面列举了六个常用的实例。通过对相关专业课程的学习和本课程的实践，使学生能够学会传统陶瓷和先进陶瓷的各种制备方法，掌握与先进陶瓷相关的各种性能的测试原理，并学会各种测试方法及分析实验结果；学会将研发的材料设计成实用的器件。

本书是作者集体在参考各种专业实验教材的基础上汇集成的实验讲义，并经过 16 年的实验教学实践，以及不断将科研的实验方法转化为本科教学实验而成的。最初该讲义用于电子科学与技术专业（电子器件方向）的实验教学，后来主要用于材料物理专业的实验教学工作。本书参编人员主要为湖北大学的曹万强、江娟、鲍钰文老师和湖北汽车工业大学的张传坤老师。

感谢湖北大学王世敏教授和章天金教授的指导，感谢有机化工新材料湖北省协同创新中心对本书的立项资助。

限于编者水平，书中不足和疏漏之处难免，敬请各位读者和专家同行批评指正。

作　者
2015 年 11 月

目　　录

第一部分

材料制备实验

实验1 电子陶瓷粉料的配料、球磨与混合

一、实验目的

（1）了解球磨机的工作原理。

（2）学会使用行星球磨机。

（3）熟练掌握配料配方的实验原理及实验方案的制定方法、配料的操作规程和配料的计算方法。

（4）了解影响配料的复杂因素，针对出现的问题提出配料配方的修改措施。

（5）学会使用电子天平准确称量。

二、主要仪器

电子天平，QM-3SP2型行星球磨机。

三、实验原理

在特种陶瓷工艺中，配料对制品的性能和后续工序影响很大，必须认真进行，否则将会带来不可估量的影响。例如PZT压电陶瓷，在配料中，ZrO_2的含量变动$0.5\% \sim 0.7\%$时，Zr/Ti比就从52/48变到54/46，此时PZT陶瓷极化后的介电常数的变动是很大的。PZT压电陶瓷配方组成点多半是靠近相界线，由于相界线的组成范围很窄，一旦组成点发生偏离，最终陶瓷样品性能波动很大，甚至会使晶体结构从四方相变到立方相。

（一）配料计算

在陶瓷生产中，常用的配料计算方法有两种：一种是按化学计量式进行计算，一种是根据配料预期的化学组成进行计算（此计算方法略）。

按化学计量式（ABO_3形式）进行计算，其特点是A或B都能为其他元素所取代，从而能达到改性的目的，而且这种取代能形成固溶体及化合物，但是这种取代不是任意的，

而是有条件的。

$$物质的质量(g) = 该物质的摩尔数 \times 该物质的摩尔质量$$

为了配制任意质量的配方，先要计算出各种原料在配料中的质量分数。设各种原料的质量分数为 $m_i(i=1,2,\cdots,n)$；各原料的摩尔数分别为 x_i；各原料的摩尔质量分别为 M_i，则各原料的质量为：

$$m_i = x_i M_i$$

知道了各种原料的质量，就可求出各原料的质量分数。设质量分数为 A_i，则：

$$A_i = \frac{m_i}{\sum m_i} \times 100\%$$

应当指出：上面的计算式按纯度为 100% 设想。但一般原料都不可能有这样高的纯度，因此，计算时要考虑纯度。实际的原料质量为 m'，纯度为 p 时，则：

$$m' = \frac{m}{p}$$

另外，在配料称量前，如果原料不是很干，则需要进行烘干，或者扣除水分。在配方计算时，原料有氧化物（如 MgO），也有碳酸盐（如 $MgCO_3$）以及其他化合物。其计算标准一般根据所用原料化学分子式计算最为方便。只要把主成分按摩尔数计算配入坯料中去即可。对于用铅类氧化物配料，如果用 PbO 配料，则 PbO 为 1mol，如果用 Pb_3O_4 时，PbO 就是 3mol。

实验配方可根据需要而定。

（二）混合

对原料进行球磨的目的主要有两个：（1）使物料粉碎至一定的细度；（2）使各种原料相互混合均匀。普遍采用的球磨机主要是靠内装一定球磨体的旋转筒体来工作的。当筒体旋转时带动球磨体旋转，靠离心力和摩擦力的作用，将球磨体带到一定高度。当离心力小于其自身质量时，球磨体落下，冲击下部球磨体及筒壁，而介于其间的粉料便受到冲击和球磨，故球磨机对粉料的作用可分成两个部分：（1）球磨体之间和球磨体与筒体之间的球磨作用；（2）球磨体下落时的冲击作用。

为提高球磨机的粉碎效率，主要应考虑以下几个影响因素：

（1）球磨机转速。当转速太快时，离心力大，球磨体附在筒壁上与筒壁同步旋转，失去球磨和冲击作用。当转速太慢时，离心力太小，球磨体升不高就滑落下来，没有冲击能力。只有转速适当时，球磨机才具有最大的球磨和冲击作用，产生最大的粉碎效果。合适的转速与球磨机的内径、内衬、球磨体种类、粉料性质、装料量、球磨介质含量等有关。

（2）球磨体的密度、大小和形状。应根据粉料性质和粒度要求全面考虑，球磨体密度大可以提高球磨效率，而且直径一般为筒体直径的 1/20，且应大、中、小搭配，以增加球磨接触面积。圆柱状和扁平状球磨体接触面积大，球磨作用强，而圆球状球磨体的冲击力较集中。

（3）球磨方式。可选择湿法和干法两种。湿法是在球磨机中加入一定比例的球磨介质

（一般是去离子水，有溶于水的物质时为有机溶剂，一般为无水乙醇），干法则不加球磨介质。由于液体介质的作用，湿法球磨的效率高于干法球磨。

（4）料、球、水的比例。球磨机筒体的容积是固定的。原料、磨球（球磨体）和水（球磨介质）的装载比例会影响到球磨效率，应根据物料性质和粒度要求确定合适的料、球、水比例。

（5）装料方式。可采用一次加料法，也可采用二次加料法，即先将硬质料或难磨的原料加入球磨一段时间后，再加入黏土或其他软质原料，以提高球磨效率。

（6）球磨机的直径。球磨体筒体大，则球磨体直径也可相应增大，球磨和冲击作用都会提高，故可以大大提高球磨机的粉碎效率，降低出料粒度。

（7）球磨机内衬的材质。通常为燧石或瓷砖等材料，球磨效率较高，但易带入杂质，近年来也有采用橡胶内衬的，可避免引入杂质，且延长了使用寿命。

（8）助磨剂的选择和用量。在相同的工艺条件下，添加少量的助磨剂可使粉碎效率成倍地提高，可根据物料的性质加入不同的助磨剂，其用量一般在 0.5% ~ 0.6%，具体的用量可在特定条件下，通过实验来确定。

四、实验内容和步骤

（一）配料

（1）根据产品性能要求，确定所选用的原料。
（2）根据上述方法进行配料计算。
（3）利用电子天平准确称取所需原料，注意大小料的称量顺序。

（二）混合

QM-3SP2 型行星球磨机广泛用于陶瓷、建材等行业及科研单位、高等院校的实验室来球磨粉剂，其球磨罐体的旋转速度可以从 0r/min 调至 1400r/min。罐体在电机驱动下其操作步骤如下：

（1）操作前，先检查电源开关是否已关，调速旋钮是否旋至最低挡，计时器是否调至零位。

（2）将需球磨材料装入球磨罐中，按一定比例加入球磨体和球磨介质（蒸馏水），注意：装料不能太满，最多至罐体2/3处，然后盖紧压盖，以防液体外溢。将球磨罐安全地固定在球磨机上。

（3）将电源接通，观察面板上电源指示灯是否已亮，确定已通电后，扳动调速开关。

（4）根据粉料性质和粒度要求，调整计时器，设定球磨时间。

（5）按下启动按钮，机器开始作低速旋转，观察罐体是否已密封好，以后可根据需要将速度调至任一速度挡位。

（6）球磨完毕，按停止按钮，关掉电源开关，以防误操作。

注意事项为：

（1）称量前仔细阅读电子天平使用说明书。

（2）球磨机只适用于 220V 交流电网，不得使用其他电源。

（3）调速时，必须先扳动调速开关至"ON"（开）位置，然后轻轻旋转调速开关，进行调速。

（4）球磨罐中每次加料不能太多，以罐体容积的 2/3 为限。

（5）操作时，不要将物品遗留在罐盖上，以免开机后，物体飞出伤人。

五、数据记录及处理

六、结果与讨论

（1）试分析影响行星球磨机球磨效率的因素有哪些？

（2）配料中应注意哪些问题？

（3）球磨时应如何考虑加料顺序？

实验 2　电子陶瓷粉料的预烧合成

一、实验目的

（1）了解电子陶瓷粉料的预烧工艺的过程及原理。

（2）了解确定电子陶瓷粉料的预烧温度的因素。

二、主要仪器

坩埚，预烧炉。

三、实验原理

（一）预烧的意义

预烧是陶瓷烧结的一个先行工艺，是为了在一次高温下进行化学反应合成主晶相，预烧所得的产品——烧块，是一种反应完全、疏松多孔、缺乏机械强度的物质。它便于粉碎，有利于第二次配方的球磨和混合。合理的预烧可使陶瓷的最终产品具有反应充分、结构均匀、收缩率小、尺寸精确、粉粒有较高的活性等特点。

（二）预烧过程的四个阶段

预烧过程一般需经过四个阶段：线性膨胀、固相反应、收缩和晶粒生长四个过程。这里主要介绍预烧过程中发生的固相反应。

合成陶瓷的过程即化学反应进行的过程。这种化学反应不是在熔融的状态下进行的，而是在比熔点低的温度下，利用固体颗粒间的扩散来完成的，这种反应称为"固相反应"。相对于气体和液体来说，固相反应更复杂。因为晶格中的离子或原子团活动性较小，而这种活动性又与晶格中的各种缺陷有密切关系。另外，固相反应开始后，便形成一层新的反应生成物，将尚未反应的成分隔离开来；随后只能依靠未反应的组分穿过新的物质层的扩散，才能够继续进行反应。不管固相反应如何复杂，其基本过程都是扩散，因此扩散过程的基本规律在这里仍适用。

为了确定扩散的情况，可将成分中各氧化物压成片叠放在一起，在各种温度下保温，然后取出，对接触界面进行化学分析，通过化学分析可确定扩散情况。

（三）预烧的条件

合理的预烧有利于烧结的进行和得到高质量的陶瓷，但预烧温度过高，粉料收缩过大会造成预烧粉料结块，平均粒径较大，并导致一些易挥发的成分损失；预烧温度过低，反应又不充分，粉料粒度分布较窄，颗粒堆积不够紧密，接触面积不够。所以合理的预烧温度和保温时间既能节约能源，又能得到活性较高、有较宽的粒度分布的粉料，使陶瓷在很宽的烧结温度范围内具有较高致密度且性能优良。

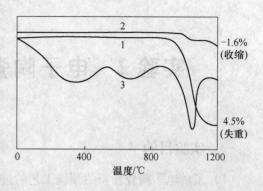

图 2-1　滑石的 TGA-DTA 综合热分析曲线
1—失重；2—收缩；3—差热

预烧粉料中只要有足够数量的主晶相形成，且粉料不结块、不过硬、便于粉碎即可。

（1）预烧温度的确定（以合成 PMNT 粉料为例）。根据 TGA-DTA 综合热分析（图 2-1）、XRD 分析和预烧后的粒度分析确定。

由图 2-1 可知在 300～800℃时一些有机溶剂和表面水的损失，在 900～1100℃时，滑石 $3MgO \cdot 4SiO_2 \cdot H_2O$ 可能发生分解反应，分解成 $MgO \cdot SiO_2$、SiO_2 和 H_2O。

图 2-2 是对不同预烧温度的样品作 X 射线粉末衍射的结果，从 800～1000℃的强度略有增强，而衍射峰的位置并没有变化，可见在 800℃就基本完成了锆钛酸铅晶体的合成过程。

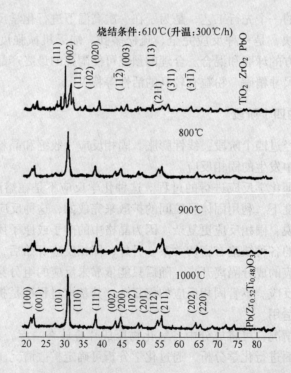

图 2-2　不同温度预烧后的 $Pb(Zr_{0.52}Ti_{0.48})O_3$ 样品 XRD 图样

（2）预烧保温时间的确定。保温时间和预烧温度相辅相成，预烧温度高一点，那么保温时间就相对短一点；反之，则相反。

四、实验内容和步骤

（1）按配方将各原料按一定的比例配好。

（2）将所有的原料混合，放在球磨机球磨适当的时间，使原料混合均匀，并达到一定的粒径分布。

（3）将粉料放在预烧炉里按一定的升温曲线和保温时间进行预烧。

五、数据记录及处理

六、结果与讨论

试分析影响预烧效果的因素有哪些？

实验 3　造粒与干压成型

一、实验目的

（1）掌握干压成型用坯料处理的原理和方法。

（2）掌握干压成型的原理和方法。

（3）了解影响陶瓷干压成型的成型性能、压坯性质（密度和强度）的因素。

二、主要仪器

DY-30 台式压片机，金属模具。

三、实验原理

造粒是将磨细的粉料，经过干燥、加胶黏剂，制成流动性好、粒径约为 0.1mm 的颗粒。陶瓷材料的成型方法有很多种，干压成型是最为常用的一种方法，其工艺过程简单，容易掌握。另外，由于部分结构陶瓷的原料粉体均属瘠性且颗粒粒度很细，用干压成型时一般需要添加塑化剂（黏结剂）并进行造粒处理，才能具有良好的成型性能。

干压成型是将粉料（含水分 5% ~ 8%）装入金属模具中，在力的作用下加以压缩（通常为单向加压），坯料内空隙中的气体部分排出，颗粒发生位移、逐步靠拢，互相紧密咬合，最终形成截面与模具截面相同、上下两面形状由模具上下压头决定的坯体。成型坯体内孔隙尺寸显著变小，数量大大减少，密度显著提高，并具有了一定的强度。

当粉料为很细的瘠性粉料时，将对成型产生不利的影响：一是粉料流动性差和拱桥效应，影响对模腔的均匀填充；二是粉体越细、松装高度越大，压缩比越大，易使坯体密度不均匀；三是孔隙中气体较难排出，易因弹性后效作用使坯体产生层裂。故本实验采用加压造粒法，即将细粉与黏结剂混合后，在 18 ~ 36MPa 压力下压成大块，再弄碎、过筛，制成较粗的、流动性好的团粒。由于团粒与细粉相比尺寸显著增大、体积密度提高，流动性也显著改善。造粒常用的黏结剂有 PVA（聚乙烯醇）、PEG（聚乙二醇）、CMC（羧甲基纤维素钠）等多种，要考虑到黏结剂后续还要烧掉，故应选择挥发性好、残留组分少的黏结剂（如 PVA）为宜，用量一般为粉料质量的 1% ~ 3%。

影响干压成型性能的因素很多，除了粉体的性能外，主要是压制方式和压制制度以及润滑剂的使用。

（1）压制方式的影响。由于颗粒间内摩擦和颗粒与模壁的外摩擦会造成压力损失，单向加压容易在压坯高度方向和横截面上产生密度不均匀现象，尤其当压坯高径比值较大时更为明显。为此可采用双向加压或两次先后加压来减少这种现象。

（2）压制压力的影响。当压坯截面面积和形状一定时，在一定的范围内，压力增大有利于压坯密度的提高，但在接近密度的极限值时，再提高压制压力无助于密度进一步提高，且易出现层裂或损坏模具。对于结构陶瓷，压力在 70~100MPa 为宜。

（3）保压时间的影响。为使坯体内压力传递充分，有利于压坯中密度分布均匀，以及有利于更多气体沿缝隙排出，必须要有足够的保压时间。

四、实验内容和步骤

（一）粉料与黏结剂混合

称取粉料约 25g 于研钵内，将量取好的 PVA（或 PEG）水溶液（用量为粉料质量的 1.2%~1.3%，并按水溶液的实际浓度折算成水溶液量，黏结剂水溶液的浓度一般为 5%~10%，过稀带入水较多，过浓则黏稠难于混合），滴入待造粒粉体内，静置数分钟后用勺子拌和，再用研棒反复捏炼，水分多时可短暂放入 60~80℃烘箱中烘去过多水分（不可太干），再研揉、过 40 目（380μm）筛，研揉、过筛可反复数次（遵循少研、勤筛的原则）。必要时可用快速水分测定仪测其所含水分。

（二）压块造粒

（1）装料。模具由外膜套、上压头（较高）、下压头组成，靠上压头和模套的柱面导向。使用前应检查模具的配合是否良好，良好的配合使上下压头在模套内上下运动、旋转时无卡滞现象，有适当间隙，间隙为气体排出通道，过大的间隙不仅影响压力，而且使粉料被挤入间隙，严重时导致脱模困难，甚至卡死。用棉纱擦净模套的内壁、上下压头的外柱面和上下加压面，并用镊子夹脱脂棉球蘸取油酸酒精溶液在上述表面涂抹一遍，待酒精挥发片刻后，即可装粉。将下压头放入模套内，装入拌有黏结剂的粉料（造粒时不必称量），每次以模内装粉高度不超过模高的 1/2 即可，放入上压头，整体放置于材料实验机的工作位置。

（2）压制。接通电源，调整好压制压力（18~36MPa），缓慢施压，至所加压力后，保持半分钟左右，卸压。

（3）脱模。取出下压头，以平整的金属垫块垫在模套下方，注意下方留有适当高度，垫块不能阻碍内腔中压块、上压头的向下运动，依（2）的方法再一次加压，脱出压块。

注意：脱模后用棉纱擦净模套的内壁、上下压头的外柱面和上下加压面上黏附的粉料（有时黏附较牢，可用镊子刮一刮再擦），务必要全部擦净，否则黏附的粉料在以后的压制中受多次挤压会更硬更牢，严重影响压制甚至啃伤模具的配合面。要求每压一块，清模一次，再重复下一个压块的压制。

（4）研碎、过筛。用脱脂棉将压块表面的变色摩擦产物或其他污物擦去，放于瓷研钵中，以研棒捣碎成小块、再研磨，过 40 目筛，同样遵循少研、勤筛的原则，使过筛后的团粒的尺寸不致过小。供干压成型的造粒粉料制备完成，装入密闭容器中，以防止水分蒸发。

（三）试样成型

（1）装模。压制实验室用小直径模具。按照造粒压块时的方法，擦净模套的内壁、上下压头的外柱面和上下加压面，并用镊子夹脱脂棉球蘸取油酸酒精溶液在上述表面涂抹一遍，待酒精挥发片刻后，即可装粉。将下压头放入模套内，用天平一次称取适量的造粒粉料，装入模内，稍加振动后再放入上压头。

（2）压制。将装好的磨具置于压力机的工作位置，调整好压制压力（18～36MPa），缓慢施压，至所加压力后，保持 5～10s 左右，卸压，再加压、保压一次，压制完成。脱模后，得到小圆柱状试样。

注意：清理模内壁、压头上的黏附粉料，重复下一个试样的压制过程。脱模和清模的要求及注意点与造粒时相同，不再重述，由于压力较造粒时大，模腔又小，清模更为费事，要耐心仔细。

（四）试样编号标记

将试样分类编号标记，保管好试样以供其他实验用。要求每类试样至少有 20 个左右的合格品。

五、数据记录与处理

六、结果与讨论

讨论造粒的目的和干压成型时影响质量的因素。

实验4 粒度分布测试实验

一、实验目的

掌握粉体粒度的测量原理和分析方法。

二、主要仪器

激光粒度分布仪。

三、实验原理

激光粒度仪作为一种新型的粒度测试仪器,已经在粉体加工、应用与研究领域得到广泛的应用。它的特点是测试速度快、测试范围宽、重复性和真实性好、操作简便等。

激光粒度仪是根据颗粒能使激光产生散射这一物理现象来测试粒度分布的。由于激光具有很好的单色性和极强的方向性,所以一束平行的激光在没有阻碍的无限空间中将会照射到无限远的地方,并且在传播过程中很少有发散的现象,如图 4-1 所示。

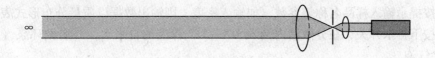

图 4-1 激光束在无阻碍状态下的传播示意图

当光束遇到颗粒阻挡时,一部分光将发生散射现象,如图 4-2 所示。散射光的传播方向将与主光束的传播方向形成一个夹角 θ。散射理论和实验结果都告诉我们,散射角 θ 的大小与颗粒的大小有关,颗粒越大,产生的散射光的 θ 角就越小;颗粒越小,产生的散射光的 θ 角就越大。在图 4-2 中,散射光 I_1 是由较大颗粒引起的;散射光 I_2 是由较小颗粒引

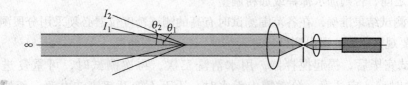

图 4-2 不同粒径的颗粒产生不同角度的散射角

起的。进一步研究表明，散射光的强度代表该粒径颗粒的数量。这样，在不同的角度上测量散射光的强度，就可以得到样品的粒度分布了。

为了有效地测量不同角度上的散射光的光强，需要运用光学手段对散射光进行处理。我们在图 4-2 所示的光束中的适当位置上放置一个富氏透镜，在该富氏透镜的后焦平面上放置一组多元光电探测器，这样不同角度的散射光通过富氏透镜就会照射到多元光电探测器上，将这些包含粒度分布信息的光信号转换成电信号并传输到电脑中，通过专用软件用 Mie 散射理论对这些信号进行处理，就会准确地得到所测试样品的粒度分布了，如图 4-3 所示。

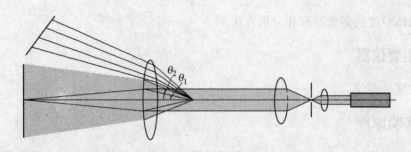

图 4-3　激光粒度分布仪原理示意图

四、实验内容和步骤

（1）先打开计算机，再打开仪器电源。为保证仪器测试稳定，仪器开机后应预热 30min 以上。

（2）打开操作软件，单击"测试"进入测试状态后就按提示菜单操作。

1）按提示输入样品名称等参数，如输入密度，则输出数据以质量分布形式表示。

2）按下排水开关，在分散槽内倒入 3/5～1/2 深度的自来水，开启循环泵（PUMP），充分排除气泡。

3）测试仪器空白状态（如仪器状态需调整）。

4）关循环泵，加入 0.1～1.5g 的被测试样，开启超声波 {U-W}，放下机械搅拌器，分散 15～60s，必要时加入几滴六偏磷酸钠水溶液或表面活性剂分散。

5）开循环泵电源，循环 30s 左右后按计算机"B"键判断粉末应属哪一区，选择适当的分区。仪器同时配有粗粉、微粉、超微粉三套程序，用户可根据情况选用。

测试时可反复测试几次，待测试值稳定后，即完成测试。测试过程中浓度最好控制在 50%～85% 之间，否则加水稀释或加粉调整。

为保证测试结果准确，在各范围测试时有高的测试精度仪器必须采用分段测试。

6）如要观察曲线，退出测试，进入菜单，选择观察曲线。

7）测试完毕后，提起搅拌器，用水清洗三次，再次测试时，可重复进行以上各步骤。清洗时请一定注意，分散槽内无水时，千万不能开超声波电源，否则将可能损坏超声波。

五、数据记录及处理

六、结果与讨论

体积频度分布和体积累积分布各是什么意义？

实验 5　电子陶瓷的烧结实验

一、实验目的

（1）掌握电子陶瓷的烧成工艺原理。

（2）了解电子陶瓷烧结的过程及条件。

二、主要仪器

烧结炉。

三、实验原理

（一）烧结的意义

烧结是指在高温作用下粉粒集合体（坯体）表面积减少、气孔率降低、颗粒间接触面加大以及机械强度提高的过程。烧结是整个陶瓷制备工艺过程中的关键环节，坯体只有经过烧结，才具有陶瓷的特性及要求的性状，烧成条件的好坏直接影响着陶瓷的致密度与性能。

（二）烧结过程的三阶段

对于烧结过程的研究，通常将它划分为三个阶段。

（1）烧结初期：是指自烧结开始直到粉体接触处出现局部烧结面，即所谓的"颈部长大"，但未出现明显的粒长或收缩的时期。

（2）烧结中期：指粉体或烧结生成的颗粒略有长大，颗粒之间的气态孔隙外形圆滑，并以连通的棱管状态存在于坯体之中的时期。

（3）烧结后期：由于此时颗粒长大，坯体中气孔相互分隔而孤立开来，气孔主要存在于多粒会合处或进入晶粒之中。在这一时期通常都会出现瓷体的明显收缩。

有时为了理论上研究分析的方便，也可按照烧结过程中物质传递的主要方式来分：

（1）气相烧结：即物质从粉粒的某一部分蒸发，经由气态过程，再凝结到相邻粉粒的接合处，即所谓蒸发-凝结过程。

（2）固相烧结：主要指构成粉粒本身的原子、离子或空格点（缺位），通过表面扩散来达到传递物质的效果，即所谓扩散传质过程。

（3）液相烧结：在烧结体系中出现少量能够使固态粉粒润湿的液相时，由于粉粒的表面状况不同及毛细管压的作用，粉粒进一步靠拢、挤压，表面曲率较大的突出部分质点易于溶入液相之中，通过在液相中扩散的方式，到达并析出在曲率较小、凹面或粉体相接触的颈部表面，即溶入-析出过程。

烧结是一种非常复杂的多因素过程，在某一陶瓷的烧结过程中，往往多种传质机理同时起作用，可能在不同的烧结阶段有所侧重、突出，或在同一烧结时期相互重叠、交织。因此，在某一具体陶瓷烧结过程中，应理论联系实际来具体分析。

（三）烧结的条件

在确定烧结工艺时，主要考虑升温过程、烧结温度、保温时间、降温方式以及气氛控制等。严格控制烧结时的升温速度、最高烧结温度、保温时间、降温方式以及气氛控制，是获得优良压电性能的关键。大量实验表明：同一配方，在不同烧结温度范围内，材料的性能也会有很大的变化。另外升温速度不能太快；因为元件局部温差过大，会使坯体收缩应力不均匀而造成元件变形，甚至开裂。升温速度也不能过慢，因为在高温状态下的保温时间过长，不但会使陶瓷晶粒过分长大，甚至出现二次重结晶现象，而且也会造成过多的铅挥发，影响原材料的化学配比和受体的致密度。我们在实验中采用 250℃/h 的匀速升温过程和随炉自然冷却方式。采用了图 5-1 所示的密闭烧结方式。最高烧结温度与保温时间相互制约、相互补充。烧成温度高，则保温时间短；烧结温度降低，保温时间相应加长。

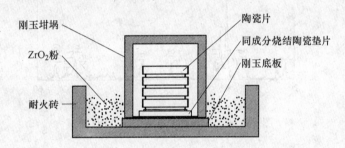

图 5-1　密封烧结装钵示意图

（1）烧结温度的确定。根据烧结瓷体的 XRD 分析、SEM 以及材料的致密度与性能确定。

通过 SEM（图 5-2）我们可以看到烧结样品的表面情况，知道了物质基本成瓷，形成颗粒大小均匀，有较少空洞的较致密的陶瓷。如果进一步升温或延长保温时间的话，晶粒将进一步长大或二次粒长，形成大晶或巨晶，使空洞增大，或形成裂纹。

由预烧的 XRD 可大致地确定烧结温度，烧结温度比预烧温度略高。预烧中陶瓷的主晶相基本形成，烧结中还要使其他的成分能成瓷，所以比预烧温度要高。比较两个 XRD 图（图 5-3 和图 5-4）可知，成瓷后的主晶相衍射峰比预烧时的衍射峰要尖锐。

（2）烧结保温时间的确定。保温时间和烧结温度相辅相成，烧结温度高一点，那么保温时间就相对短一点；反之，则相反。

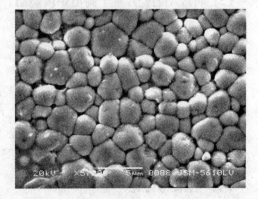

图 5-2　陶瓷烧结样品表面 SEM 照片

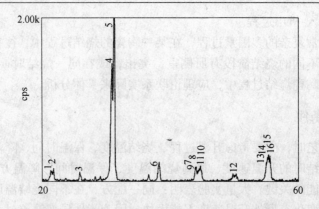

图 5-3　预烧温度 725℃，915℃／2h 烧结陶瓷的 XRD 图

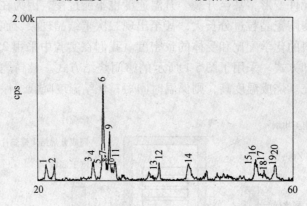

图 5-4　725℃预烧合成粉料的 XRD 图

　　总之，烧结温度只能确定在一个大致的范围，即烧结温区，具体的烧结温度要靠多取几个不同的温度和保温时间进行烧结，通过成瓷后的产品的性能确定最理想的烧结温度。

四、实验内容和步骤

（1）将预烧好的粉体添加一定的黏合剂压制成型。

（2）将成型的瓷片置于高温炉内烧结。

五、数据记录及处理

六、结果与讨论

影响烧结后陶瓷结构和性能的因素有哪些？

实验 6　陶瓷电极的制备

一、实验目的

（1）了解陶瓷的金属化与封接过程中的物理、化学变化。

（2）掌握上银的具体操作方法。

二、主要仪器

烧结炉。

三、实验原理

随着信息功能陶瓷技术的不断发展，有时需要将陶瓷与金属、陶瓷与陶瓷牢固地封接在一起，由于陶瓷材料表面结构与金属材料表面结构不同，焊料往往不能润湿陶瓷表面，也不能与之作用而形成牢固的黏结，因而陶瓷与金属的封接是一种特殊的工艺方法，即金属化的方法：先在陶瓷表面牢固地黏附一层金属薄膜，从而实现陶瓷与金属的焊接。另外，用特制的玻璃焊料可直接实现陶瓷与陶瓷的焊接。

整个被镀银过程包括涂银和烧银两个阶段。在整个过程中，随着温度的升高，银浆发生一系列的物理化学变化。主要可分成以下几个阶段：

（1）胶合剂挥发分解阶段（90～325℃）。

（2）碳酸银或氧化银还原为金属银阶段（410～600℃）。

（3）助熔剂转变为胶体状阶段（520～600℃）。

（4）金属银与制品表面牢固结合阶段（600℃以上）。

四、实验内容和步骤

（1）选取合适的银浆。

（2）将待金属化的试样清洁备用。

（3）用柔软而稍有弹性的狼毫毛笔或毛刷蘸适量银浆，用手工逐个地均匀涂在制品表面。

（4）每涂一遍，必须在200～250℃温度下彻底烘干，直至银层呈灰色或浅蓝色或鱼白色为止。冷却到室温后，再涂第二遍。一般以涂两遍较好。一面涂好后，再涂另一面。

（5）烧渗银层：烧渗银层就是将彻底烘干的制品，放在专用烧银耐火板上，移入高温电炉内，按银浆配方规定的温度焙烧。

注意事项为：

（1）必须完整均匀，无堆积不平、流窜花纹、明显鳞皮、起泡开裂、漏底脱落等。

（2）应光亮洁白，电导率高，无任何其他金属夹杂，不应发黑变黄。

（3）银层应结合牢固，抗拉强度一般不低于 10MPa。

（4）应具有较强的抗腐蚀能力，化学稳定性好。

（5）银层面积应符合规定的技术要求。

（6）被银前后制品的颜色基本一致，无显著差别。

（7）制品非被银面，不应有任何银迹。

五、数据记录及处理

六、结果与讨论

（1）烧银制度如何确定？

（2）陶瓷金属化的影响因素有哪些？

实验7 压电陶瓷极化工艺研究

一、实验目的

（1）掌握压电陶瓷的极化工艺。

（2）了解极化电场强度、极化温度及极化时间在极化过程中的作用。

二、主要仪器

压电陶瓷高压极化装置。

三、实验原理

压电（及铁电）陶瓷材料是一种铁电多晶体，是由许多微小的单晶各自按一定方向排列而成的集合体。在居里点以下，其内部存在着自发极化，存在一些小区域——电畴，在每一个电畴中，晶胞的自发极化相同，不同电畴的自发极化的相对取向是随意的，使得它们的几何和为零。所以，在极化之前，压电陶瓷是各向同性的，显示不出压电效应，要使压电陶瓷具有压电效应，必须对样品进行极化处理，而极化过程中极化温度是自发极化转向的条件，极化时间是使样品充分极化的保证。极化的工艺条件依材料配方的不同而有所区别。电场对陶瓷电畴的作用如图7-1所示。

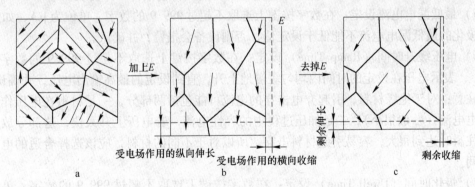

图7-1 电场对陶瓷电畴的作用

a—BaTiO$_3$基陶瓷的原始状态，各晶粒电畴的总电矩为零，即 $\Sigma p_{晶} = 0$；

b—加上直流电场 E 之后，各晶粒的自发极化都大致沿电场方向取向；

c—去掉电场后的情况，各晶粒的自发极化大致沿电场方向取向

四、实验内容和步骤

（1）实验准备：

1）将高压输出线接在高压输出接口（H.V）上，将回路线接在回路接口（RETURN）上。

2）将接地线接入设备背板的接地端口（GND）上，并拧紧。

3）将电源线的一端接入设备，另一端接入有良好接地的插座上。

注意：

① 极化装置必须保证两处有良好的接地，一是设备背板（GND）处；二是保证电源插座本身有良好的接地，绝对不允许将设备接在没有接地的插座或接线板上。

② 保证设备有良好的通风散热。

③ 保证极化实验台整洁、有序，一切与极化实验无关的物品，特别是金属制品，必须远离极化实验台。

4）将待极化的样品放在聚四氟乙烯（或其他绝缘材料）做成的夹具中，连同夹具一起放入油浴中，然后将高压输出线和回路线分别接在夹具的两个接头上。切记：必须保证高压输出端和回路端与其他装置保持良好的绝缘，夹具内部的金属构件也必须和加热釜保持良好的绝缘。在未停止实验和关闭设备电源前，禁止用任何物件接触高压输出端和回路端。

（2）极化参数调节：

1）接通设备电源（POWER）。

2）设定记忆程序组并确认。

3）设定最高输出直流电压，可以在数字按键上选取 0～12kV 范围内的任一合适的最高输出电压，并确认。

4）最高漏电电流设定：在数字按键上选取不超过 5000 的数字，单位为 μA，如 50、500 等，表示极化的漏电电流不能超过设定值，否则设备会报警，并确认。

5）最低漏电电流设定：在数字按键上选取不超过 999.9 的数字，单位为 μA，如 0.1，表示极化的最低漏电电流不能低于设定值，否则设备会报警，并确认。

6）电压缓升时间（Ramp Time）设定：在数字按键上选取不超过 999.9 的数字，单位为 s，表示电压在设定的时间内均匀缓慢地上升，直到设定的最高输出电压，并确认。

注意：对于绝缘材料，引起介电击穿的电流可能包括两部分，一是材料在电压作用下的漏电电流（一般很小）；二是加压过程中的容性电流，若电压上升太快，这部分放电电流往往瞬时达到很大，容易引起材料击穿。所以对于不同的材料，应该选择合适的电压缓升时间。

7）极化时间（Dwell Time）设定：在数字按键上选取不超过 999.9 的数字，单位为 s，表示样品极化的时间；一般地，极化的时间往往不止 999.9s，此时，可以选择 0，0 表示持续极化，并确认。

（3）加热油浴装置至所需温度后，按下测试键，进行极化实验。

（4）停止实验时，应先按下设备的停止键，然后断开设备电源，再进行取样和放样操作。

（5）若实验过程中出现异常，如样品被击穿，设备会发出报警声，此时，应立即按下停止键，并断开设备电源，再进行事故处理。

（6）极化一个样品后，若其他参数不改，只是极化电压不同，则接通设备电源后，只需进行电压设定，然后按"EXIT"退出设定，再重复步骤(3)、(4)即可。

（7）实验结束后，拔掉电源线，整理实验台和设备。

五、数据记录及处理

六、结果与讨论

实验 8 溶胶凝胶法制备薄膜

一、实验目的

（1）了解溶胶凝胶法的基本原理和特点。

（2）掌握溶胶凝胶法制备薄膜的基本方法。

二、主要仪器

匀胶机，管式气氛退火炉，磁力搅拌器，电子天平。

三、实验原理

溶胶-凝胶技术是指金属有机或无机化合物经过溶液、溶胶、凝胶而固化，再经热处理而成为氧化物或其他化合物固体的方法。该法历史可追溯到 19 世纪中叶，Ebelman 发现正硅酸乙酯水解形成的 SiO_2 呈玻璃状，随后 Graham 研究发现 SiO_2 凝胶中的水可以被有机溶剂置换，此现象引起化学家的注意。经过长时间探索，逐渐形成胶体化学学科。在 20世纪 30～70 年代，矿物学家、陶瓷学家、玻璃学家分别通过溶胶-凝胶方法制备出相图研究中均质试样，低温下制备出透明 PLZT 陶瓷和 Pyrex 耐热玻璃。核化学家也利用此法制备核燃料，避免了危险粉尘的产生。这一阶段把胶体化学原理应用到制备无机材料获得初步成功，引起人们的重视，认识到该法与传统烧结、熔融等物理方法不同，引出"通过化学途径制备优良陶瓷"的概念，并称该法为化学合成法或 SSG 法（Solution-sol-gel）。另外该法在制备材料初期就进行控制，使均匀性可达到亚微米级、纳米级甚至分子级水平，也就是说在材料制造早期就着手控制材料的微观结构，而引出"超微结构工艺过程"的概念，进而认识到利用此法可对材料性能进行剪裁。简单地说，溶胶-凝胶过程是一种胶体化学方法，是用含高化学活性组分的化合物作为前驱体（金属醇盐或金属无机盐）溶于有机溶剂或者去离子水中，在液相下将这些原料均匀混合，在控温搅拌的条件下进行水解、缩合化学反应，在溶液中形成稳定的透明溶胶体系，溶胶经陈化胶粒间缓慢聚合，形成三维空间网络结构的凝胶，凝胶网络间充满了失去流动性的溶剂，形成凝胶。凝胶经过干燥、烧结固化制备出分子级乃至纳米级的结构材料。

溶胶-凝胶法不仅可用于制备微粉，而且可用于制备薄膜、纤维、体材和复合材料。其优缺点如下：（1）高纯度。粉料（特别是多组分粉料）制备过程中无需机械混合，不易引进杂质。（2）化学均匀性好。由于溶胶-凝胶过程中，溶胶由溶液制得，化合物在分子级水平混合，故胶粒内及胶粒间化学成分完全一致。（3）颗粒细胶粒尺寸小于 0.1 μm。（4）该法可容纳不溶性组分或不沉淀组分。不溶性颗粒均匀地分散在含不产生沉淀的组分的溶液中，经溶胶凝化，不溶性组分可自然地固定在凝胶体系中，不溶性组分颗粒越细，体系的化学均匀性越好。（5）掺杂分布均匀。可溶性微量掺杂组分分布均匀，不会分离、偏折，比醇盐水解法优越。（6）合成温度低，成分容易控制。（7）粉末活性高。（8）工艺、设备简单，但原材料价格昂贵。（9）烘干后的球形凝胶颗粒自身烧结温度低，但凝胶颗粒之间烧结性差，即体材料烧结性不好。（10）干燥时收缩大。

（一）凝胶化学反应机理

在前驱体溶液反应过程中，发生的主要反应是醇盐的水解缩聚反应，通过氧桥连接形成空间网状结构。

反应过程如下：

$$M(RO)_n + H_2O \longrightarrow M(RO)_{n-1}(OH) + ROH$$

$$M(RO)_{n-1}(OH) + (OH)M(RO)_{n-1} \longrightarrow (RO)_{n-1}MOM(RO)_{n-1} + H_2O$$

同时加醋酸可以作为螯合剂，控制反应速度：

$$M(RO)_n + CH_3COOH \longrightarrow M(RO)_{n-1}(CH_3COO) + ROH$$

$$M(RO)_{n-1}(CH_3COO) + H_2O \longrightarrow (RO)_{n-2}M[(CH_3COO)OH] + ROH$$

$$(RO)_{n-2}M[(CH_3COO)OH] + (RO)_{n-2}M[(CH_3COO)OH] \longrightarrow$$

$$(CH_3COO)(RO)_{n-2}M\!-\!O\!-\!M(RO)_{n-2}(CH_3COO) + H_2O$$

（二）制膜机理

（1）在硅基片沉积湿膜，采用的是旋涂法，将配置的溶液滴加在高速旋转的基片上，利用离心力将溶液匀开，成为均匀膜。

（2）在高温下，将有机物挥发，同时让晶粒长大，形成陶瓷膜。

四、实验内容和步骤（以制备 BaTiO$_3$ 薄膜为例）

（1）称取 0.01mol 的乙酸钡，分别用 20mL、30mL、40mL 的乙酸溶解，要缓慢地加入乙酸钡，防止凝固。

（2）称取 0.01mol 的钛酸四丁酯，用 20mL 乙二醇甲醚稀释。

（3）将上面的透明溶液混合后，特别是要将钛酸四丁酯的稀释液慢慢滴入。混合后，搅拌均匀，就可以用乙二醇甲醚定容，容量为 100mL。

（4）将定容后的前驱体溶液取出一部分，加水观察水解反应。

（5）先打开抽气机，然后打开匀胶机电源，接着打开控制开关。设置一级转速、时间和二级转速、时间。然后将基片置于吸气孔上，打开气阀开关，接着打开转动开关。最后在一级转速期间滴加溶液。

（6）转子停后，关上气阀开关，取下基片，让其在空气中水解 10min。

（7）将水解后的薄膜，至于干燥箱中于 150℃下干燥，时间为 30min。

（8）干燥后，在 300℃烧去有机物。

（9）按以上工序，重复制备 10 层后，在 700℃退火。

（10）测量陶瓷膜的表面电阻率。

五、数据记录及处理

六、结果与讨论

实验 9　水热法制备纳米颗粒

一、实验目的

（1）了解水热法制备纳米材料的原理与方法。

（2）加深对在水热法中影响纳米材料结构和形貌的因素的认识。

二、主要仪器

反应釜，鼓风干燥箱，抽滤装置。

三、实验原理

水热法是指在特定的密闭的容器内反应，水或者有机溶剂作介质，通过造就一个高温高压的反应环境，使不溶物或者难溶物变得溶解并且重结晶，再通过分离和热处理得到目标产物的方法。水热法具有以下明显的特点和优势：

（1）高温高压条件下水处于超临界状态，提高了反应物的活性。

（2）水热合成法具有可控性和调变性，根据反应需要调节温度、介质、反应时间等。可以用来制备多种纳米氧化物材料、磁性材料等。

（3）反应釜为密闭体系，工作压力 3MPa，不会造成原料泄漏。

反应方程式为（以制备锆钛酸铅纳米颗粒为例）：

$$NH_3 \cdot H_2O \Longrightarrow NH_4^+ + OH^-$$

$$ZrOCl_2 \cdot 8H_2O + 2OH^- \Longrightarrow ZrO(OH)_2 + 2Cl^- + 8H_2O$$

$$Ti(C_4H_9O)_4 + 4H_2O \Longrightarrow Ti(OH)_4 + 4C_4H_9OH$$

$$13ZrO(OH)_2 + 12Ti(OH)_4 \longrightarrow 25Zr_{0.52}Ti_{0.48}O(OH)_2 \downarrow + 12H_2O$$

$$Pb(NO_3)_2 + 2OH^- \Longrightarrow Pb(OH)_2 + 2NO_3^-$$

$$Pb(OH)_2 + Zr_{0.52}Ti_{0.48}O(OH)_2 \longrightarrow PbZr_{0.52}Ti_{0.48}O_3 \downarrow + 2H_2O$$

四、实验内容和步骤

实验原料：$ZrOCl_2 \cdot 8H_2O$（A. R. 322. 25），$Ti(OC_4H_9)_4$（A. R. 340. 36），$NH_3 \cdot H_2O$，$Pb(NO_3)_2$（A. R. 331. 25），KOH（A. R. 56. 11），去离子水，无水乙醇。

（1）ZTO 胶体（锆钛氢氧化物共沉淀）的制备。按照化学计量比称取 0.67g（0.00208mol）$ZrOCl_2 \cdot 8H_2O$ 和 0.653g（0.00192mol）$Ti(OC_4H_9)_4$，并将其溶于 10mL 去离子水中；在搅拌状态下，将浓度为 1mol/L 的氨水溶液 20mL 逐滴滴加到锆钛离子的混合溶液中，搅拌 10min，沉淀，过滤，用去离子水清洗，得到锆钛氢氧化物共沉淀。

（2）反应前驱液的制备。将锆钛氢氧化物共沉淀分散于去离子水中，得到悬浮锆钛氢氧化物共沉淀的水溶液；按欲合成 PZT 粉体的化学式称取 Pb(NO$_3$)$_2$1.457g(0.0044mol)，KOH2.24g(0.04mol)溶于去离子水。在搅拌状态下，将调配好的 Pb(NO$_3$)$_2$ 水溶液、KOH 水溶液依次加入悬浮锆钛氢氧化物共沉淀的水溶液中，并用去离子水调节反应物料，使其达到反应釜内胆容积的 80%，这时反应釜中的溶液量为 40mL，磁力搅拌 30min。反应前驱液就此制备完成。

（3）水热反应制备 PZT 粉体。将反应前驱液按一定填充度装入反应釜内胆，并将内胆置于高压反应釜中，密封，在 180℃下保温 3h 进行水热处理，反应结束后降至室温，取出反应物，依次用去离子水、无水乙醇、去离子水过滤清洗，随后在 60℃温度下烘干，制得 PZT 纳米粉体。

五、数据记录及处理

（1）按欲合成 PZT 粉体的化学式 PbTi$_{0.52}$Zr$_{0.48}$O$_3$，PZT 的反应浓度为 0.1mol/L，KOH 反应浓度为 1.0mol/L，计量称取 ZrOCl$_2$·8H$_2$O、Ti(OC$_4$H$_9$)$_4$、Pb(NO$_3$)$_2$、KOH。易潮解的原料最后称量，动作要迅速准确，避免因原料吸水导致称量不准确。并且为了不污染电子天平，称量时可直接使用烧杯盛装。

（2）将反应溶液装入反应釜内衬后，应将反应釜顶盖旋紧后，水平放入烘箱中。在水热反应过程中，不得随意触碰该反应釜。反应结束后，等反应釜冷却至室温后再开启反应釜，对反应产物进行抽滤洗涤。

六、结果与讨论

（1）计算反应产率并分析产生损耗的原因。
（2）分析可能影响纳米材料形貌与物相的因素。

实验 10　铁电厚膜的制备

一、实验目的

（1）了解丝网印刷制备厚膜的工艺流程。

（2）了解丝网印刷技术的特性及其影响因素。

二、主要仪器

厚膜印刷机，焙烧炉，陶瓷基片。

三、实验原理

厚膜是相对薄膜来说的，厚膜与薄膜的区别有两点：其一是膜厚的区别，厚膜膜厚一般大于 $10\mu m$，薄膜膜厚小于 $10\mu m$，大多小于 $1\mu m$；其二是制造工艺的区别，厚膜一般采用丝网印刷工艺，最先进的材料基板使用陶瓷作为基板（较多的使用氧化铝陶瓷），薄膜一般采用的是真空蒸发、磁控溅射和 PLD 等工艺方法。厚膜的优势在于性能可靠，设计灵活，投资小，成本低，多应用于电压高、电流大、大功率的场合。

铁电厚膜是在铁电块体材料和薄膜材料研究基础上发展起来的，与块体材料相比，厚膜的介电常数相对较低，但是易于小型化、集成化，符合现代电子技术的发展趋势。而与薄膜相比，厚膜具有更大的厚度，界面低介电层所占比例极大降低，因此对性能的影响也显著下降。另外，厚膜还具有较大的晶粒，有助于提高材料的性能和可靠性。所以厚膜材料特别适合制备厚度在 $10\sim100\mu m$ 的集成器件，如热释电红外传感器、弹性声表面波器件、谐振器和厚膜加速度计等。目前，铁电厚膜的制备工艺主要有丝网印刷法、复合溶胶-凝胶法、流延法、电泳沉积法等。相比其他制备工艺，丝网印刷法具有与 MEMS 技术兼容，厚度可以控制且适宜、设备简单、原料便宜、成本较低，容易得到各种印刷厚膜图形等优点。在众多铁电厚膜材料中，钛酸锶钡（$Ba_{1-x}Sr_xTiO_3$（BST））以其优越的铁电及介电特性引起了广大科研人员的兴趣。$Ba_{0.8}Sr_{0.2}TiO_3$ 在室温下处于铁电四方相，具有良好的热释电特性，将其制备成厚膜有望在保持其体材料的高热释电性能的同时，降低介电常数、漏电流和体积热容，从而提高热释电探测率优值。

四、实验内容和步骤（以制备钛酸锶钡（BST）厚膜为例）

（1）以二氧化钛、碳酸钡和碳酸锶为原料，将按化学计量比称量好的原料用去离子水湿法球磨、烘干、研磨过筛之后在 $800\sim1100$℃下保温合成 $Ba_{0.8}Sr_{0.2}TiO_3$ 粉体。

（2）有机载体为松油醇和乙基纤维素，将 BST 粉体、有机载体和黏合剂按一定比例混合球磨后得到厚膜浆料。

（3）BST厚膜采用丝网印刷技术沉积在氧化铝陶瓷基板上，然后进行预烧并在1200～1300℃之间烧结得到BST厚膜样品。

五、数据记录及处理

六、结果与讨论

实验 11 共沉淀法制备纳米材料

一、实验目的

（1）掌握共沉淀法制备无机材料粉体的基本原理和工艺过程。
（2）掌握影响沉淀的因素。

二、主要仪器

（1）仪器设备：pH 计，烧杯，锥形瓶，表面皿，干燥箱，管式炉。
（2）实验原料：$Bi(NO_3)_3 \cdot 5H_2O$，$Fe(NO_3)_3 \cdot 9H_2O$，HNO_3 溶液，NaOH 溶液，去离子水。

三、实验原理

共沉淀法通常先配制含可溶性金属离子的盐溶液，然后将过量的沉淀剂加入混合后的均匀溶液中，使各沉淀组分的浓度都大大超过沉淀平衡时的溶度积，从而使制备组分尽量按比例地均匀混合并同时沉淀出来，生成胶体尺寸（$1 \sim 100 \mu m$）的颗粒。将沉淀物洗涤，再经过热分解合成处理，即得到纳米微粒。用此法制备纳米微粒时，沉淀剂的选择、洗涤及溶液的 pH 值、浓度、干燥方式、热处理温度等都会影响纳米微粒的尺寸。该法的优点是制得的纳米粉末纯度高、成分均一可控，且粒度小、分布窄，同时实验过程简单，可以大量生产。

$Bi_2Fe_4O_9$ 对酒精、丙酮等有机物敏感，适合用作新型的气体传感器材料，受到人们的关注。$Bi_2Fe_4O_9$ 还可以替代不可回收的铂、钯、铑等昂贵金属，被用作催化剂，以氧化氨得到 NO。$Bi_2Fe_4O_9$ 属正交结构，空间群为 Pbam，如图 11-1 所示。每个晶胞中有两个基本

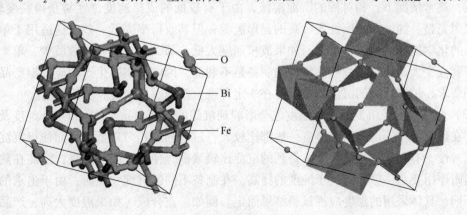

图 11-1 $Bi_2Fe_4O_9$ 晶体结构

结构单元 FeO_6 八面体和 FeO_4 四面体。室温下，$Bi_2Fe_4O_9$ 是顺磁性的，当温度降低到 264K 附近时转变为反铁磁性。

四、实验内容及步骤

（1）按比例称取一定量的 $Bi(NO_3)_3 \cdot 5H_2O$ 和 $Fe(NO_3)_3 \cdot 9H_2O$ 溶解于 2mol/L 的 HNO_3 溶液中，搅拌均匀。

（2）继续以较大转速搅拌，并缓慢地向上述溶液中加入 2mol/L 的 NaOH 沉淀剂，直至所有金属离子沉淀溶液呈弱碱性。

（3）过滤，洗涤多次，在 40℃ 下干燥。

（4）将干燥的前驱粉体球磨装入坩埚中于 650℃ 灼烧 2h。

（5）将灼烧的粉末再次洗涤、干燥即得到所需的纳米结构。

工艺流程图如图 11-2 所示。

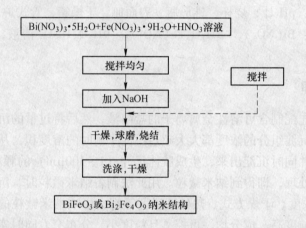

图 11-2　共沉淀法制备 $Bi_2F_4O_9$ 纳米材料的工艺流程图

影响沉淀的主要因素有：

（1）沉淀溶液的浓度。沉淀溶液的浓度会影响沉淀的粒度、晶形、收得率、纯度及表面性质。通常情况下，相对稀的沉淀溶液，由于有较低的成核速度，容易获得粒度较大、晶形较为完整、纯度及表面性质较高的晶形沉淀，但其收得率要低一些，这适用于单纯追求产品的化学纯度的情况；反之，如果成核速度太低，那么生成的颗粒数就少，单个颗粒的粒度就会变大，这对微细粉体材料的制备是不利的，因此，实际生产中应根据产品性能的不同要求，控制适宜的沉淀液浓度，在一定程度上控制成核速度和生长速度。

（2）合成温度。沉淀的合成温度也会影响到沉淀的粒度、晶形、收得率、纯度及表面性质。在热溶液中，沉淀的溶解度一般都比较大，过饱和度相对较低，从而使得沉淀的成核速度减慢，有利于晶核的长大，得到的沉淀比较紧密，便于沉降和洗涤；沉淀在热溶液中的吸附作用要小一些，有利于纯度的提高。在制备不同的沉淀物质时，由于追求的理化性能不同，具体采用的温度应视试验结果而定。例如：在合成时如果温度太高，产品会分解；在采用易分解、易挥发的沉淀剂时，温度太高会增加原料的损失。

（3）沉淀剂的选择。沉淀剂的选择应考虑产品质量、工艺、产率、原料来源及成本、环境污染和安全性等问题。在工艺允许的情况下，应该选用溶解度较大、选择性较高、副产物影响较小的沉淀剂，也便易于除去多余的沉淀剂、减少吸附和副反应的发生。

（4）沉淀剂的加入方式及速度。沉淀剂的加入方式及速度均会影响沉淀的各种理化性能。沉淀剂若分散加入，而且加料的速度较慢，同时进行搅拌，可避免溶液局部过浓而形成大量晶核，有利于制备纯度较高、大颗粒的晶形沉淀。

五、数据记录及处理

六、结果与讨论

实验 12　化学气相沉积法制备纳米材料

一、实验目的

（1）掌握化学气相沉积法制备氧化物纳米材料的基本原理和工艺过程。

（2）掌握影响沉积产物形貌的因素。

二、主要仪器

（1）仪器设备：CVD 沉积系统。

（2）实验原料：镁金属粉末。

三、实验原理

化学气相沉积法（Chemical Vapor Deposition（CVD））是利用气态或蒸气态的物质在气相或气固界面上发生化学反应，生成固态沉积物的技术。可分为高压化学气相沉积（HP-CVD）、低压化学气相沉积（LP-CVD）、等离子化学气相沉积（P-CVD）、激光化学气相沉积（L-CVD）、金属有机化学气相沉积（MO-CVD）、高温化学气相沉积（HT-CVD）、低温化学气相沉积（LT-CVD）等。该方法可用于多种无机材料的合成，从组成上说可制备单质（非金属、金属、合金）、氧化物、氮化物和碳化物等；从结构上说可制备单晶、多晶和无定形材料；从产物种类上说可制备粒子与薄膜。在半导体工艺方面，CVD 技术不仅成为生产半导体级超纯硅原料——超纯多晶硅的唯一方法，而且也是硅单晶外延、砷化镓等Ⅲ-Ⅴ族半导体和Ⅱ-Ⅵ族半导体单晶外延的基本生产方法，在集成电路生产中更广泛地使用 CVD 技术沉积各种掺杂的半导体单晶外延薄膜、多晶硅薄膜、半绝缘的掺氧多晶硅薄膜；绝缘的二氧化硅、氮化硅、磷硅玻璃、硼硅玻璃薄膜以及金属钨薄膜等。

CVD 技术有如下特点：

（1）沉积反应如在气-固界面上发生，则沉积物将按照原有的固态基底的形状包覆一层薄膜。

（2）采用 CVD 技术也可以得到单一的无机合成物质，并用以作为原材料制备。

（3）如果采用某种基底材料，在沉积物达到一定厚度以后又容易与基底分离，这样就可以得到各种特定形状的游离沉积物器具。

（4）在 CVD 技术中可以生成晶体或者粉末状物质，甚至是纳米超粉末或者纳米线。

CVD 的基本原理是建立在化学反应基础上的。在沉积条件下，气态反应物生成所需固态沉积物，其他产物均为气态。典型反应可分为三类。

（1）热解反应。即单一气态反应物分解生成沉积物和副产物。通常的源物质有氢化物、烷氧基金属化合物、烷基金属化合物等。

（2）化学合成反应。即两种或两种以上气态反应物参与反应。任意一种无机材料理论上都可以通过核实的反应合成出来，所以此类反应的应用更广泛。

（3）可逆反应。即化学输运反应。以目标产物为源物质，借助于适当气态介质与之反应而形成一种气态化合物，这种气态化合物经化学迁移或物理载带输送到与源区温度不同的沉积区，再发生逆向反应，使源物质沉积出来。如果源物质本身易气化，则无须借助气体介质。

采用前两类反应的 CVD 系统，必须做到反应物的不断输入和副产物的不断输出，称之为"敞开式"系统。采用第三类反应的 CVD 系统，反应物和产物都在反应室内不断循环，既无输入也无输出，称之为"封闭式"系统。

本实验制备 MgO 纳米线采用的是"敞开式"系统。"敞开式"系统中 CVD 反应经历以下过程（图 12-1）：

（1）气态反应物的产生。

（2）反应物输送至反应室。

（3）发生气相反应；当温度高于中间产物的热解温度时，在气相中发生均相反应，生成粒子，可直接收集获得超细粒子，也可沉积到基底上成膜，但附着力较差；温度较低时，将在基底表面及其附近发生异相反应。

（4）反应气体扩散至基片表面并发生吸附，然后发生化学反应。

（5）沉积物在基底表面扩散，形成成核中心，慢慢生长成膜。

（6）未反应的反应物及副产物分子由表面解吸并向气流中扩散。

（7）未反应的反应物和副产物排出沉积区，从反应室排出。

影响沉积产物晶相和形貌的因素有：反应温度、反应时间、氧氩比、基片与源的距离等。

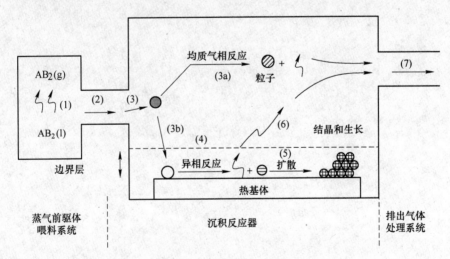

图 12-1 CVD 反应过程示意图

四、实验内容及步骤

（1）硅基片的切割与清洗。

（2）取一定量的金属镁粉末置于 U 型坩埚中。

（3）确定三片基片的放置位置，并做好记录。

（4）将装有镁粉末的坩埚和放置基片的坩埚一起放入管式炉的正中间部位。

（5）以 250sccm 的流量向管式炉中通入 Ar 气 5min，然后以一定的氧氩比（Ar：200sccm；O：20sccm）向反应腔内通入载气和反应气。

（6）设置升温、保温程序，开始加热，并反应（120min 升温至 850℃，保温 20min）。

（7）反应结束，将管式炉功率控制调至零点，断开管式炉电源，保持反应气和载气的流量，直至降至室温。

（8）取出反应源和基片，准备做 SEM 观察。

五、数据记录及处理

六、结果与讨论

第二部分

电子陶瓷材料结构和性能测试实验

实验 13　金相显微镜观察材料的显微结构

一、实验目的

（1）了解金相显微镜的构造和原理。

（2）掌握金相显微镜的使用方法。

二、主要仪器

金相显微镜。

三、实验原理

金相分析是研究材料内部组织和缺陷的主要方法之一，它在材料研究中占有重要的地位。利用金相显微镜将试样放大 100～1500 倍来研究材料内部组织的方法称为金相显微分析法，是研究金属材料微观结构最基本的一种实验技术。显微分析可以研究材料内部的组织与其化学成分的关系；可以确定各类材料经不同加工及热处理后的显微组织；可以判别材料质量的优劣，如金属材料中诸如氧化物、硫化物等各种非金属夹杂物在显微组织中的大小、数量、分布情况及晶粒度的大小等。在现代金相显微分析中，使用的主要仪器有光学显微镜和电子显微镜两大类。这里主要对常用的光学金相显微镜作一般介绍。金相显微镜用于鉴别和分析各种材料内部的组织。原材料的检验、铸造、压力加工、热处理等一系列生产过程的质量检测与控制需要使用金相显微镜，新材料、新技术的开发以及跟踪世界高科技前沿的研究工作也需要使用金相显微镜，因此，金相显微镜是材料领域生产与研究中研究金相组织的重要工具。

（一）显微镜的成像原理

众所周知，放大镜是最简单的一种光学仪器，它实际上是一块会聚透镜，利用它可以将物体放大。其成像光学原理如图 13-1 所示。

当物体 AB 置于透镜焦距 f 以外时，得到倒立的放大实像 $A'B'$（图 13-1a），它的位置在 2 倍焦距以外。若将物体 AB 放在透镜焦距内，就可看到一个放大正立的虚像 $A'B'$（图 13-1b）。映像的长度与物体长度之比（$A'B'/AB$）就是放大镜的放大倍数（放大率）。若放大镜到物体之间的距离 a 近似等于透镜的焦距（$a \approx f$），而放大镜到像间的距离 b 近似相当于人眼明视距离（250mm），则放大镜的放大倍数为：$N = b/a = 250/f$。由此式可知，透镜的焦距越短，放大镜的放大倍数越大。一般采用的放大镜焦距在 10～100mm 范围内，因而放大倍数在 2.5～25 倍之间。进一步提高放大倍数，将会由于透镜焦距缩短和表面曲率过分增大而使形成的映像变得模糊不清。为了得到更高的放大倍数，就要采用显微镜，显微镜可以使放大倍数达到 1500～2000 倍。

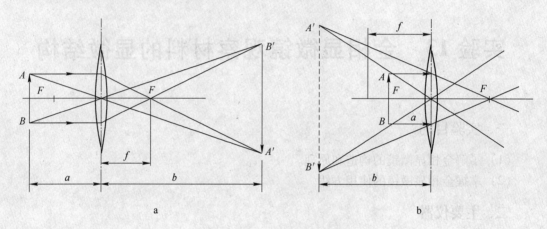

图 13-1　放大镜光学原理图
a—实像放大；b—虚像放大

显微镜不像放大镜那样由单个透镜组成，而是由两级特定透镜所组成。靠近被观察物体的透镜叫做物镜，而靠近眼睛的透镜叫做目镜。借助物镜与目镜的两次放大，就能将物体放大到很高的倍数（约 2000 倍）。图 13-2 所示是在显微镜中得到放大物像的光学原理图。

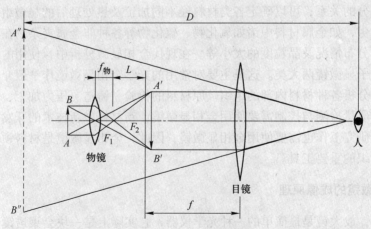

图 13-2　显微镜光学原理图

　　被观察的物体 AB 放在物镜之前距其焦距略远一些的位置，由物体反射的光线穿过物镜，经折射后得到一个放大的倒立实像 $A'B'$，目镜再将实像 $A'B'$ 放大成倒立虚像 $A''B''$，这就是我们在显微镜下研究实物时所观察到的经过二次放大后的物像。

　　在设计显微镜时，让物镜放大后形成的实像 $A'B'$ 位于目镜的焦距 $f_目$ 之内，并使最终的倒立虚像 $A''B''$ 在距眼睛 250mm 处成像，这时观察者看得最清晰。

　　透镜成像规律是依据近轴光线得出的结论。近轴光线是指与光轴接近平行（即夹角很小）的光线。由于物理条件的限制，实际光学系统的成像与近轴光线成像不同，两者存在偏离，这种相对于近轴成像的偏离就叫做像差。像差的产生降低了光学仪器的精确性。

　　显微镜的质量主要取决于透镜的质量、放大倍数和鉴别能力。物镜是由若干个透镜组合而成的一个透镜组。组合使用的目的是克服单个透镜的成像缺陷，提高物镜的光学质量。显微镜的放大作用主要取决于物镜，物镜质量的好坏直接影响显微镜映像质量，它是决定显微镜的分辨率和成像清晰程度的主要部件，所以对物镜的校正是很重要的。

（二）物镜的性质

　　物镜的放大倍数，是指物镜在线长度上放大实物倍数的能力指标。有两种表示方法，一种是直接在物镜上刻度出如 $8 \times$、$10 \times$、$45 \times$ 等；另一种则是在物镜上刻度出该物镜的焦距 f，焦距越短，放大倍数越高。前一种物镜放大倍数公式为 $M_物 = L/f_物$，L 是光学镜筒长度，L 值在设计时是很准确的，但实际应用时，因不好量度，常用机械镜筒长度。机械镜筒长度是指从显微镜目镜接口处到物镜的直线距离。每一物镜上都用数字标明了机械镜筒长度。

（三）目镜的性质

　　目镜也是显微镜的主要组成部分，它的主要作用是将由物镜放大所得的实像再次放大，从而在明视距离处形成一个清晰的虚像；因此它的质量将最后影响到物像的质量。在显微照相时，在毛玻璃处形成的是实像。

　　某些目镜（如补偿目镜）除了有放大作用外，还能将物镜造像过程中产生的残余像差予以校正。目镜的构造比物镜简单得多。因为通过目镜的光束接近平行状态，所以球面像差及纵向（轴向）色差不严重。设计时只考虑横向色差（放大色差）。目镜由两部组成，位于上端的透镜称目透镜，起放大作用；下端透镜称会聚透镜或场透镜，使映像亮度均匀。在上下透镜的中间或下透镜下端，设有一光阑，测微计、十字玻璃、指针等附件均安装于此。目镜的孔径角很小，故其本身的分辨率甚低，但对物镜的初步映像进行放大已经足够。常用的目镜放大倍数有 $8 \times$、$10 \times$、$12.5 \times$、$16 \times$ 等多种。

　　在使用显微镜观察物体时，应根据其组织的粗细情况，选择适当的放大倍数。以细节部分观察清晰为准，盲目追求过高的放大倍数，会带来许多缺陷。因为放大倍数与透镜的焦距有关，放大倍数越大，焦距必须越小，同时所看到物体的区域也越小。

（四）金相显微镜的构造

　　金相显微镜主要由光学系统、机械调节系统和照明系统组成。在光学系统中，显微镜的光路比放大镜复杂，光线由灯泡发出，经聚光镜组会聚，由反光镜子将光线均匀半聚集在孔径光阑上，经过聚光镜组，再将光线透过半反射镜聚集在物镜组的后焦面，这样就使物体得到库勒照明。由物体表面反射回来的光线经过物镜组和辅助透镜到半反射镜而折转向辅助透镜，以及棱镜等一系列光学系统造成倒立放大的实像，由目镜再度放大。机械调节部分主要包括底座、粗动调焦装置、微动调焦装置、载物台、孔径光阑 15 和视场光阑、物镜转换器和目镜管等。照明系统一般包括光源、照明器、光阑、滤色片等。金相显微镜中的照明法，是影响观察、照相、测定结果质量的重要因素。正确的照明法不能降低亮度和分辨率，进行照明时不能有光斑和不均匀。金相显微镜的照明系统应满足下列基本要求：首先，光源要有足够的照明亮度，以保证金相试样上被观察的整个视场范围内得到足够强的、均匀的照明；其次，应有可调节的孔径光阑，一来可控制试样上物点进入物镜成像，二来可调节光束孔径角的大小，以适应不同物镜数值孔径的要求，充分发挥物镜的分辨能力；再次，应有可调节的视场光阑，可控制试样表面被照明区域的大小，以适应不同目镜、物镜组合时有不同的显微视场的要求，并同时拦截系统中有害的杂散光。

四、实验内容和步骤

（1）将光源插头接上电源变压器，然后将变压器接上户内 220V 电源即可使用。照明系统在出厂前已经经过校正。

（2）结合显微镜实体，掌握显微镜的光学成像原理。仔细了解显微镜的结构及各组件如光源、光阑、暗场和偏光装置、目镜和物镜等的作用，熟悉物镜和目镜的标记。

（3）装上各个物镜，合理匹配物镜和目镜，调节孔径光阑和视场光阑，在载物台上放好样品，使被观察表面置于载物台当中，如果是小试样，可用弹簧压片把它压紧，同时避免碰触透镜。如选用某种放大倍率，可参照总倍率表来选择目镜和物镜。

（4）使用低倍物镜观察调焦时，注意避免镜头与试样撞击，可从侧面注视接物镜，将载物台尽量下移，直至镜头几乎与试样接触（但切不可接触），再从目镜中观察。此时应先用粗调节手轮调节至初见物像，再改用细调节手轮调节至物像十分清楚为止。切不可用力过猛，以免损坏镜头，影响物像观察。当使用高倍物镜观察，或使用油浸系物镜时，必须先注意极限标线，务必使支架上的标线保持在齿轮箱外面二标线的中间，给微动留有适当的升降余量。当转动粗动手轮时，要小心地将载物台缓缓下降，当目镜视野里刚出现了物像轮廓后，立即改用微动手轮作正确调焦至物像最清晰为止。

（5）使用油浸系物镜前，将载物台升起，用一支光滑洁净小棒蘸上一滴杉木油，滴在物镜的前透镜上，这时要避免小棒碰压透镜及不宜滴上过多的油，否则会弄伤或弄脏透镜。

（6）为配合各种不同数值孔径的物镜，设置了大小可调的孔径光阑和视场光阑，其目的是获得良好的物像和显微摄影衬度。当使用某一数值孔径的物镜时，先对试样正确调焦，之后，可调节视场光阑，这时从目镜视场里看到了视野逐渐遮蔽，然后再缓缓调节使光阑孔张开，至遮蔽部分恰到视场出现时为止，它的作用是把试样的视野范围之外的光源遮去，以消除表面反射的漫射散光。为配合使用不同的物镜和适应不同类型试样的亮度要求设置了大小可调的孔径光阑。转动孔径光阑套圈，使物像达到清晰明亮，轮廓分明。在光阑上刻有分度，表示孔径尺寸。

（7）用金相显微镜观察实验室提供的试样，画出组织示意图。并认真体会整个操作过程，初步领会调焦的技巧。

使用注意事项如下：

（1）操作时必须特别谨慎，不能有任何剧烈的动作。不允许自行拆卸光学系统。

（2）严禁用手指直接接触显微镜镜头的玻璃部分和试样磨面。若镜头上落有灰尘，会影响显微镜的清晰度与分辨率。此时，应先用洗耳球吹去灰尘和砂粒，再用镜头纸或毛刷轻轻擦拭，以免直接擦拭时划花镜头玻璃，影响使用效果。

（3）切勿将显微镜的灯泡（6~8V）插头直接插在 220V 的电源插座上，应当插在变压器上，否则会立即烧坏灯泡。观察结束后应及时关闭电源。

（4）在旋转粗调（或微调）手轮时动作要慢，碰到某种阻碍时应立即停止操作，报告指导教师查找原因，不得用力强行转动，否则会损坏机件。

五、数据记录及处理

六、结果与讨论

实验 14　陶瓷材料体积密度、吸水率及气孔率的测定

一、实验目的

（1）了解体积密度、吸水率、气孔率等概念的物理意义。

（2）掌握体积密度、吸水率、气孔率的测定方法。

（3）了解体积密度、吸水率、气孔率测试中误差产生的原因及防止方法。

二、主要仪器

电子天平，煮沸容器，烘箱。

三、实验原理

材料吸水率、气孔率的测定都是基于密度的测定，而密度的测定则基于阿基米德原理。由阿基米德定律可知，浸在液体中的任何物体都要受到浮力（即液体的静压力）的作用，浮力的大小等于该物体排开液体的质量。质量是一种重力的值，但在使用天平进行衡量时，对物体质量的测定已归结为对其质量的测定。因此，阿基米德定律可用下式表示：

$$m_1 - m_2 = VD_L \tag{14-1}$$

式中　m_1——在空气中称量物体时所得物体的质量；

　　　m_2——在液体中称量物体时所得物体的质量；

　　　V——物体的体积；

　　　D_L——液体的密度。

这样，物体的体积就可以通过将物体浸于已知密度的液体中，通过测定其质量的方法来求得。

在工程测量中，往往忽略空气浮力的影响，在此前提下进一步推导可得用称量法测定物体密度时的原理公式：

$$D = \frac{m_1 D_L}{m_1 - m_2} \tag{14-2}$$

这样，只要测出有关量并代入上式，就可计算出待测物体在温度 t 时的密度。

材料的密度，可以分为真密度、体积密度等。体积密度指不含游离水材料的质量与材料的总体积（包括材料的实体积和全部孔隙所占的体积）之比。当材料的体积是实体积（材料内无气孔）时，则称真密度。

气孔率指材料中气孔体积与材料总体积之比。材料中的气孔有封闭气孔和开口气孔

（与大气相通的气孔）两种，因此气孔率有封闭气孔率、开口气孔率和真气孔率之分。封闭气孔率指材料中的所有封闭气孔体积与材料总体积之比。开口气孔率（也称显气孔率）指材料中的所有开口气孔体积与材料总体积之比。真气孔率（也称总气孔率）则指材料中的封闭气孔体积和开口气孔体积与材料总体积之比。

吸水率指材料试样放在蒸馏水中，在规定的温度和时间内吸水质量和试样原质量之比。在科研和生产实际中往往采用吸水率来反映材料的显气孔率。

无机非金属材料难免含有各种类型的气孔。对于如水泥制品、陶瓷制品等块体材料，其内部含有部分大小不同、形状各异的气孔。这些气孔中的一部分浸渍时能被液体填充。将材料试样浸入可润湿粉体的液体中，抽真空排除气泡，计算材料试样排除液体的体积，便可计算出材料的密度。当材料的闭气孔全部被破坏时，所测密度即为材料的真密度。为此，对密度、吸水率和气孔率的测定所使用液体的要求是：密度要小于被测的物体、对物体或材料的润湿性好、不与试样发生反应、不使试样溶解或溶胀。最常用的浸液有水、乙醇和煤油等。

测量材料的密度、吸水率和气孔率的方法有真空法和煮沸法，本实验采用煮沸法。

四、实验内容和步骤

（1）将试样表面清洗干净，置于电热干燥箱中于(110 ± 5)℃下烘干至恒重，置于干燥器中冷却至室温。将试样干燥至间隔 1h 的两次连续称量之差应小于 0.1%。

（2）将恒重的试样放入盛有蒸馏水的煮沸容器内，在试样之间与容器底部垫以干净纱布，使试样互相不接触。煮沸过程中应保持水面高出试样 50mm。加热蒸馏水至沸腾并保持 2h，然后停止加热，冷却至室温。

（3）将试样置于烧杯或其他清洁容器内，并放于真空干燥器内抽真空至小于 20Torr（1Torr =0.133kPa），保压 5min，然后在 5min 内缓慢注入蒸馏水，直至浸没试样，再保持小于 20Torr 5min。将试样连同容器取出后，在空气中静置 30min。

（4）将饱和试样放入金属丝网篮并悬挂在带溢流管的水容器中，称量饱和试样在液体中的质量，精确至 0.0001g。

（5）从液体中取出饱和试样，用饱含水的多层纱布擦去试样表面附着的水分，迅速称量饱和试样在空气中的质量，精确至 0.0001g。

（6）结果计算：

吸水率：
$$W_a = \frac{m_3 - m_1}{m_1} \times 100\%$$

显气孔率：
$$P_a = \frac{m_3 - m_1}{m_3 - m_2} \times 100\%$$

体积密度：
$$D_a = \frac{m_1 \times D_L}{m_3 - m_2}$$

式中　D_L——测试温度下浸液的密度，g/cm^3。

实验注意事项如下：

（1）熟悉电子分析天平使用方法，总称量不要超过电子天平的最大称量120s。

（2）关闭电子天平方能取放试样，要轻拿轻放以免损坏天平，打碎试样。

（3）称量过程中，丝网盘不能接触烧杯，否则会带来称量误差。

五、数据记录及处理

六、结果与讨论

实验15　陶瓷薄膜厚度的测量

一、实验目的

（1）了解椭圆偏振光法测量原理和实验方法。
（2）熟悉椭圆偏振光测试仪器的结构和调试方法。
（3）测量介质薄膜样品的厚度。

二、主要仪器

椭圆偏振光测试仪。

三、实验原理

在一光学材料上镀各向同性的单层介质膜后，光线的反射和折射在一般情况下会同时存在。通常，设介质层为n_1、n_2、n_3，φ_1为入射角，那么在1、2介质交界面和2、3介质交界面会产生反射光和折射光的多光束干涉，如图15-1所示。

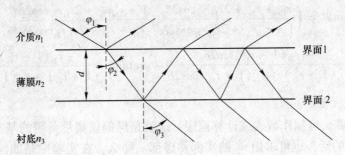

图15-1　多光束干涉示意图

这里我们用2δ表示相邻两分波的相位差，其中$\delta = 2\pi dn_2\cos\varphi_2/\lambda$，用$r_{1p}$、$r_{1s}$表示光线的$p$分量、$s$分量在界面1、2间的反射系数，用$r_{2p}$、$r_{2s}$表示光线的$p$分量、$s$分量在界面2、3间的反射系数。由多光束干涉的复振幅计算可知：

$$E_{rp} = \frac{r_{1p} + r_{2p}\mathrm{e}^{-i2\varphi}}{1 + r_{1p}r_{2p}\mathrm{e}^{-i2\delta}}E_{ip} \tag{15-1}$$

$$E_{rs} = \frac{r_{1s} + r_{2s}\mathrm{e}^{-i2\varphi}}{1 + r_{1s}r_{2s}\mathrm{e}^{-i2\delta}}E_{is} \tag{15-2}$$

式中，E_{ip}和E_{is}分别代表入射光波电矢量的p分量和s分量，E_{rp}和E_{rs}分别代表反射光波电矢量的p分量和s分量。现将上述E_{ip}、E_{is}、E_{rp}、E_{rs}四个量写成一个量G，即：

$$G = \frac{E_{rp}/E_{rs}}{E_{ip}/E_{is}} = \tan\psi e^{i\Delta} = \frac{r_{1p} + r_{2p}e^{-i2\varphi}}{1 + r_{1p}r_{2p}e^{-i2\delta}} \cdot \frac{r_{1s} + r_{2s}e^{-i2\varphi}}{1 + r_{1s}r_{2s}e^{-i2\delta}} \tag{15-3}$$

我们定义 G 为反射系数比，它应为一个复数，可用 $\tan\psi$ 和 Δ 表示它的模和辐角。上述公式的过程量转换可由菲涅耳公式和折射公式给出：

$$\begin{cases} r_{1p} = (n_2\cos\varphi_1 - n_1\cos\varphi_2)/(n_2\cos\varphi_1 + n_1\cos\varphi_2) & (15\text{-}4) \\ r_{2p} = (n_3\cos\varphi_2 - n_2\cos\varphi_3)/(n_3\cos\varphi_2 + n_2\cos\varphi_3) & (15\text{-}5) \\ r_{1s} = (n_1\cos\varphi_1 - n_2\cos\varphi_2)/(n_1\cos\varphi_1 + n_2\cos\varphi_2) & (15\text{-}6) \\ r_{2s} = (n_2\cos\varphi_2 - n_3\cos\varphi_3)/(n_2\cos\varphi_2 + n_3\cos\varphi_3) & (15\text{-}7) \\ 2\delta = 4\pi dn_2\cos\varphi_2/\lambda & (15\text{-}8) \\ n_1\cos\varphi_1 = n_2\cos\varphi_2 = n_3\cos\varphi_3 & (15\text{-}9) \end{cases}$$

G 是变量 n_1、n_2、n_3、d、λ、φ_1 的函数（φ_2、φ_3 可用 φ_1 表示），即 $\psi = \tan^{-1}f$，$\Delta = \arg|G|$，称 ψ 和 Δ 为椭偏参数，上述复数方程表示两个等式方程：

$$[\tan\psi e^{i\Delta}] \text{的实数部分} = \left[\frac{r_{1p} + r_{2p}e^{-i2\varphi}}{1 + r_{1p}r_{2p}e^{-i2\delta}} \frac{r_{1s} + r_{2s}e^{-i2\varphi}}{1 + r_{1s}r_{2s}e^{-i2\delta}}\right] \text{的实数部分}$$

$$[\tan\psi e^{i\Delta}] \text{的虚数部分} = \left[\frac{r_{1p} + r_{2p}e^{-i2\varphi}}{1 + r_{1p}r_{2p}e^{-i2\delta}} \frac{r_{1s} + r_{2s}e^{-i2\varphi}}{1 + r_{1s}r_{2s}e^{-i2\delta}}\right] \text{的虚数部分}$$

若能从实验测出 ψ 和 Δ 的话，原则上可以解出 n_2 和 d（n_1、n_3、λ、φ_1 已知），根据式（15-4）～式（15-9），推导出 ψ 和 Δ 与 r_{1p}、r_{1s}、r_{2p}、r_{2s} 和 δ 的关系：

$$\tan\Psi = \left(\frac{r_{1p}^2 + r_{2p}^2 + 2r_{1p}r_{2p}\cos2\delta}{1 + r_{1p}^2r_{2p}^2 + 2r_{1p}r_{2p}\cos2\delta} \cdot \frac{1 + r_{1s}^2r_{2s}^2 + 2r_{1s}r_{2s}\cos2\delta}{r_{1s}^2 + r_{2s}^2 + 2r_{1s}r_{2s}\cos2\delta}\right)^{1/2} \tag{15-10}$$

$$\Delta = \arctan\frac{-r_{2p}(1 - r_{1p}^2)\sin2\delta}{r_{1p}(1 + r_{2p}^2) + r_{2p}(1 + r_{1p}^2)\cos2\delta} - \arctan\frac{-r_{2s}(1 - r_{1s}^2)\sin2\delta}{r_{1s}(1 + r_{2s}^2) + r_{2s}(1 + r_{1s}^2)\cos2\delta}$$

$$\tag{15-11}$$

上式经计算机运算，可制作数表或计算程序。这就是椭偏仪测量薄膜的基本原理。若 d 是已知，n_2 为复数的话，也可求出 n_2 的实部和虚部。那么，在实验中是如何测定 ψ 和 Δ 的呢？现用复数形式表示入射光和反射光：

$$\boldsymbol{E}_{ip} = |E_{ip}|e^{i\beta_{ip}} \quad \boldsymbol{E}_{is} = |E_{is}|e^{i\beta_{is}} \quad \boldsymbol{E}_{rp} = |E_{rp}|e^{i\beta_{rp}} \quad \boldsymbol{E}_{rs} = |E_{rs}|e^{i\beta_{rs}} \tag{15-12}$$

由式（15-3）和式（15-12），得：

$$G = \tan\Psi e^{i\Delta} = \frac{|E_{rp}/E_{rs}|}{|E_{ip}/E_{is}|}e^{i[(\beta_{rp}-\beta_{rs})-(\beta_{ip}-\beta_{is})]} \tag{15-13}$$

其中：

$$\tan\Psi = \frac{|E_{rp}/E_{rs}|}{|E_{ip}/E_{is}|}, e^{i\Delta} = e^{i[(\beta_{rp}-\beta_{rs})-(\beta_{ip}-\beta_{is})]} \tag{15-14}$$

这时需测四个量，即分别测入射光中的两分量振幅比和相位差及反射光中的两分量振幅比和相位差，如设法使入射光为等幅椭偏光，$E_{ip}/E_{is} = 1$，则 $\tan\psi = |E_{rp}/E_{rs}|$；对于相位角，有：

$$\Delta = (\beta_{rp} - \beta_{rs}) - (\beta_{ip} - \beta_{is}) \Rightarrow \Delta + \beta_{ip} - \beta_{is} = \beta_{rp} - \beta_{rs} \tag{15-15}$$

因为入射光 $\beta_{ip} - \beta_{is}$ 连续可调，调整仪器，使反射光成为线偏光，即 $\beta_{rp} - \beta_{rs} = 0$ 或 （π），则 $\Delta = -(\beta_{ip} - \beta_{is})$ 或 $\Delta = \pi - (\beta_{ip} - \beta_{is})$，可见 Δ 只与反射光的 p 波和 s 波的相位差有关，可从起偏器的方位角算出。对于特定的膜，Δ 是定值，只要改变入射光两分量的相位差 $(\beta_{ip} - \beta_{is})$，肯定会找到特定值使反射光成线偏光，$\beta_{rp} - \beta_{rs} = 0$ 或 （π）。

实际检测方法是平面偏振光通过四分之一波片，使得具有 $\pm \pi/4$ 相位差。

在波长、入射角、衬底等参数一定时，φ 和 Δ 是膜厚 d 和折射率 n 的函数。对于一定厚度的某种膜，旋转起偏器总可以找到某一方位角，使反射光变为线偏振光。这时再转动检偏器，当检偏器的方位角与样品上的反射光的偏振方向垂直时，光束不能通过，出现消光现象。消光时，Δ 和 φ 分别由起偏器的方位角 P 和检偏器的方位角 A 决定。把 P 值和 A 值分别换算成 Δ 和 φ 后，再利用公式和图表就可得到透明膜的折射率 n 和膜厚度 d。

SGC-2 型自动椭偏仪采用 632.8nm 波长的氦氖激光器作为单色光源，入射角和反射角均可在 90° 内自由调节，样品台可绕纵轴转动，其高度和水平可以调节，样品台可绕纵轴转动，其高度和水平可以调节。检偏器旁边有一个观察窗，窗下的旋钮用以改变经检偏器出射的光或者射向光电倍增管。为了保护光电倍增管，该旋钮的位置应该经常放在观察窗位置。该椭偏仪自动化程度高，光路调试完毕后只要装上待测样品，点击计算机上的相应菜单，输入相应的参数，即可自动完成起偏器、检偏器的调节，找出消光点，并直接给出待测样品的 d 和 n_2 的值。

四、实验内容和步骤

（1）接通激光电源，转动反射光管，使与入射光管夹角为 140°（$\varphi = 70°$），然后将位置固定。

（2）把样品放在样品台，使光经样品反射后能进入反射光管。

（3）把 $\lambda/4$ 波片的快轴呈 $+45°$ 放置，并把起偏器、检偏器的方位先置零。同时转动起偏器和检偏器找出第一个消光位置，并从起偏器和检偏器上分别读出起偏角 P_1 和检偏角 A_1，并记录下来。

（4）把起偏器转到大约 $-P_1$ 处，与第一次转动检偏器相反的方向转动检偏器（同时轻动检偏器），找出第二个消光位置，读出起偏角 P_2 及检偏角 A_2。

（5）将 1/4 波片的快轴呈 $-45°$ 放置，重复步骤（3）、（4）。

五、数据记录及处理

六、结果与讨论

实验 16　陶瓷材料维氏硬度测定

一、实验目的

（1）了解维氏硬度计的测量原理和实验方法。

（2）测量陶瓷样品的维氏硬度。

二、主要仪器

维氏硬度计。

三、实验原理

用夹角 α 为 136°的金刚石四方角锥体压入试样，如图 16-1 所示，以单位压痕面积所受载荷表示材料的硬度。即 $HV = 0.102\dfrac{F}{S} = \dfrac{0.2F}{d^2}\sin\dfrac{\alpha}{2}$，式中，$F$ 为载荷（N），S 为压痕表面积（mm²），d 为压痕对角线长度的平均值（mm）。也可根据对角线长度 d，查表确定硬度值。

测量条件：

（1）测量前必须将被测量面磨平整、抛亮，不能有划痕、污痕及其他杂物，如油、氧化层和磨屑等。

（2）被测量面的厚度必须确保卸除载荷后，测量面的反面没有变形。一般其厚度至少有压痕对角线长度的1.5 倍。

（3）硬度仪必须放置在非常稳固的平台上，压力头及其轴必须保持垂直。要每次用标准硬度块校验硬度仪是否有系统误差。

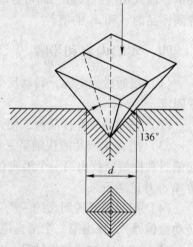

图 16-1　维氏硬度计示意图

（4）测量维氏硬度，一般在(23 ± 5)℃的环境温度下进行。如该材料对温度较敏感，受温度波动影响较大，则应根据该材料的特性确定合理的环境温度。

四、实验内容及步骤

（1）测量时，必须将被测量面放置在与硬度仪压头轴线相垂直的位置，且将被测量零件放稳、夹牢。对于外形很小或形状不规则的样品，一定要用很可靠的方式（包括用专用夹具）将它们夹持牢靠。

（2）调整放置被测量零件支撑平台高度，直至从目镜能非常清楚地看到被测量表面，如该表面不光亮、不平整，则需重新抛光。

（3）移转目镜，将压头对准被测量面，在测量面上选取测试点时，须注意各测试点之间的距离必须大于 4 倍的测试点凹坑对角线长度，测试点中心到被测量零件边缘距离必须大于 2.5 倍测试点凹坑对角线长度。

（4）施加压力时，必须缓慢操作，逐渐加压，不能产生任何震动和冲击。并且确保因操作而使运动部件产生的惯性矩对测量结果产生的影响可忽略不计（操作越慢，影响越小）。此外，如无特别说明，测试压力应尽可能选用较大的，压力保持时间一般应有 10~15s。

（5）读取对角线长度时，要注意其精度须读到对角线长度的 0.4% 或 0.2μm，具体视所用仪器精度情况而定。

（6）根据测量的对角线长度计算样品的维氏硬度。

五、数据记录及处理

六、结果与讨论

实验 17　四探针方法测量半导体的电阻率

一、实验目的

（1）掌握四探针法测量半导体材料电阻率和方块电阻的基本原理。
（2）掌握半导体电阻率和方块电阻的测量方法。
（3）掌握半导体电阻率和方块电阻的换算。
（4）了解并学会控制各种影响测量结果的不利因素。

二、主要仪器

四探针测试仪。

三、实验原理

电阻率是决定半导体材料电学特性的重要参数，它为自由载流子浓度和迁移率的函数。半导体材料电阻率的测量方法有多种，其中四探针法具有设备简单、操作方便、测量精度高，以及对样品的形状无严格要求等优点，是目前检测半导体材料电阻率的主要方法。

直线型四探针法是用针距为 s（通常情况 $s = 1\text{mm}$）的四根金属同时排成一列压在平整的样品表面上，如图 17-1 所示，其中最外部两根（图 17-1 中 1、4 两探针）与恒定电流源连通，由于样品中有恒电流 I 通过，所以将在探针 2、3 之间产生压降 V。

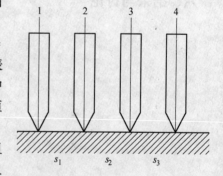

图 17-1　四探针法测量原理图

对于半无穷大均匀电阻率的样品，若样品的电阻率为 ρ，点电流源的电流为 I，则当电流由探针流入样品时，在 r 处形成的电势 $V_{(r)}$ 为：

$$V_{(r)} = \frac{I\rho}{2\pi r} \tag{17-1}$$

可以看到，探针 2 处的电势 V_2 是处于探针 1 处的点电流源 $+I$ 和处于探针 4 处的点电流源 $-I$ 贡献之和，因此：

$$V_2 = \frac{I\rho}{2\pi}\left(\frac{1}{s} - \frac{1}{2s}\right) \tag{17-2}$$

同理，探针 3 处的电势 V_3 为：

$$V_3 = \frac{I\rho}{2\pi}\left(\frac{1}{2s} - \frac{1}{s}\right) \tag{17-3}$$

探针 2 和 3 之间的电势差 V_{23} 为：

$$V_{23} = V_2 - V_3 = \frac{I\rho}{2\pi s} \tag{17-4}$$

由此可得出样品的电阻率为：

$$\rho = 2\pi s \frac{V_{23}}{I} \tag{17-5}$$

根据式（17-1）~式（17-5），对于等距直线排列的四探针法，已知相连探针间距 s，测出流过探针 1 和探针 4 的电流强度 I、探针 2 和探针 3 之间的电势差 V_{23}，就能求出半导体样品的电阻率。上述五式是在半无穷大样品的基础上导出的，要求样品厚度及边缘与探针之间的最近距离大于 4 倍探针间距。

对于不满足半无穷大的样品，当两根外探针通以电流 I 时，在两根内探针之间仍可测到电势差 V_{23}，这时，可定义一个"表观电阻率" ρ_0：

$$\rho_0 = \frac{2\pi s}{B_0} \times \frac{V_{23}}{I} \tag{17-6}$$

引进修正因子 B_0，已有人用一些常用的样品情况对 B_0 的数值做了计算。通常选择电流 $I = \dfrac{2\pi s}{B_0} \times 10^{-3}$，由式（17-6）可知，$V_{23} \times 10^3$ 即为电阻率的数值。因此测试时应选择合适的电流，电流太小，检测电压有困难；电流太大会由于非平衡载流子注入或发热引起电阻率降低。

对于高阻半导体样品，光电导效应和探针与半导体形成金-半肖特基接触的光生伏特效应可能严重地影响电阻率测试结果，因此对于高阻样品，测试时应该特别注意避免光照。对于热电材料，为了避免温差电动势对测量的影响，一般采用交流两探针法测量电阻率。在半导体器件生产中，通常用四探针法来测量扩散层的薄层电阻。在 p 型或 n 型单晶衬底上扩散的 n 型杂质或 p 型杂质形成一 pn 结。由于反向 pn 结的隔离作用，可将扩散层下面的衬底视作绝缘层，因而可由四探针法测出扩散层的薄层电阻，当扩散层的厚度小于 $0.53s$，并且晶片面积相对于探针间距可视作无穷大时，样品薄层电阻为：

$$R_s = \frac{\pi}{\ln 2} \times \frac{V}{I} \tag{17-7}$$

薄层电阻也称为方块电阻 $R_\square$。长 L 和宽 W 相等的一个方块的电阻称为方块电阻 R。如果一个均匀导体是一宽为 W、厚度为 d 的薄层，如图 17-2 所示，则：

$$R_\square = \rho \frac{L}{S} = \rho \frac{L}{dW} = \frac{\rho}{d} \tag{17-8}$$

可见，R 阻值大小与正方形的边长无关，故取名为方块电阻，仅仅与薄膜的厚度有关。用等距直线排列的四探针法，测量薄层厚度 d 远小于探针间距 s 的无穷大薄层样品，得到的电阻称之为薄层电阻。

在用四探针法测量半导体的电阻率时，要求探头边缘到材料边缘的距离远远大于探针间距，一般要求 10 倍以上；要在无振动的条件下进行，要根据被测对象给予探针一定的压力，否则探针振动会引起接触电阻变化。光电导和光电压效应严重影响电阻率测量，因此要在无强光直射的条件下进行测量。半导体有明显的电阻率温度系数，过大的电流会导致电阻加热，所以测量要尽可能在小电流条件下进行。高频讯号会引入寄生电流，所以测量设备要远离高频讯号发生器或者有足够的屏蔽，实现无高频干扰。

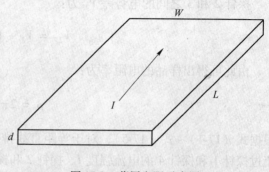

图 17-2　薄层电阻示意图

四、实验内容和步骤

（1）打开四探针测试仪背后电源，预热 30min。

（2）按下操作面板中的"恒流源"按钮，选择"10mA""电阻率""正测"测试挡。

（3）将样片放在测试架台上，尽量避免沾污样品表面。

（4）缓慢下放测试架使探针轻按在样片上，听到测试仪内部发出的"咔"声，电流表、电压表有示数即可，注意下放速度避免压碎样片。

（5）查找样片厚度对应的电流表示数，并根据此数据调节"粗调""细调"旋钮，按"电流选择"键直至电压表示数中从首位不为 0 起有 3 位数字，记录此时数据即电阻率值。

（6）选择"方块电阻"档，调节"粗调""细调"旋钮使电流表示数为"453"，按"电流选择"键直至电压表示数中从首位不为 0 起有 3 位数字，记录此时数据即方块电阻值。

（7）测试完后将探针上移，并用保护套保护探针。

（8）用完后关闭电源。

注意事项如下：

（1）仪器接通电源，至少预热 15min 才能进行测量。

（2）仪器如经过剧烈的环境变化或长期不使用，在首次使用时应通电预热 2～3h，方可进行测量。

（3）在测量过程中应注意电源电压不要超过仪器的过载允许值。

（4）切记保护探针。

五、数据记录及处理

六、结果与讨论

实验 18   比体积电阻、比表面电阻的测定

一、实验目的

（1）加深对比体积电阻、比表面电阻的物理意义的理解。
（2）掌握绝缘电阻测试仪（高阻计）的使用方法。

二、主要仪器

高阻计。

三、实验原理

（一）体电阻、表面电阻

任何绝缘材料都不是绝对不导电的，只不过导电非常微弱即它的电阻非常高而已。如图 18-1 所示，若在一材料试样上加一恒定电压，则不论在试样内部或在试样外部都有电流通过。此电流的大小将取决于材料的性质。样品的几何尺寸和电压的大小，加之试样上的电压与通过它的漏电流之比，称为该材料的绝缘电阻，以 R 表示，即 $R = U/I$。

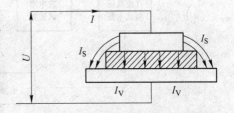

图 18-1   分流产生漏电流原理

流过材料内部的电流称为体积电流，以 I_v 表示。通过材料试样外部的电流，称为表面电流，以 I_s 表示。加于材料试样上的电压 U 与流过该试样的体积电流 I_v 之比，称为该试样的体积电阻，以 R_v 表示，即 $R_v = U/I$。它的倒数称为该试样的体积电导。加于试样上的电压 U 与流过它的表面电流 I_s 之比，称之为该试样的表面电阻，以 R_s 表示，即 $R_s = U/I_s$，它的倒数为该试样的表面电导。

总漏电 I 是两电流之和，即 $I = I_v + I_s$。

总电阻为两电阻之并联，即 $R = R_v R_s/(R_v + R_s)$。

材料试样的体电阻、表面电阻不仅由材料的性质决定，而且与试样的几何形状有关。体电阻与试样的厚度 d 成正比，与试样的电极面积 A 成反比。

即
$$R_v = \rho_v \frac{d}{A}$$

式中，ρ_v 为体积电阻率。

试样的表面电阻与电极的距离 b 成正比，与电极的周长 l 成反比。

即
$$R_s = \rho_s \frac{b}{l} \text{ 或 } \rho_s = R_s \frac{l}{b}$$

式中，ρ_s 为表面电阻率。

表面电阻率表示材料表面的漏电性能。它与材料表面状态及周围环境条件特别是湿度有很大的关系。

（二）仪器的电路结构及测试原理

（1）三电极系统：由于介质的绝缘电阻都是在兆欧级以上，只要有微小的外部干扰，就会影响测量的精确度，所以采取三电极即测量电极、高压电极、保护电极进行。在测试体电阻时，表面漏电流由保护电极傍路到地，测试表面电阻时，体积漏电流傍路到地。并且为防止外部干扰，在测试中，三电极和试样都置于屏蔽箱中。

（2）ZC36 型 $10^{17}\Omega$ 超高电阻 10^{-14}A 型电流测试仪的结构及工作原理。

仪器电路结构主要由五部分组成，如图 18-2 所示。

1）直流高压测试电源：10V、100V、250V、50V、1000V。

2）测试放电装置（包括输入短路开关）：将具有电容性较大的试样在测试前后进行充电放电，以减少介质吸收电流及电容充电电流对仪器的冲击和保护操作人员的安全。

3）高阻抗直接放大器：将被测微电流讯号放大后输至指示仪表。

4）指示仪表：作为被测绝缘电阻和微电流的指示。

5）电源：提供仪器的各部分的工作电源。

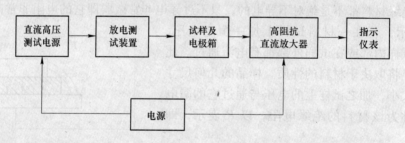

图 18-2　仪器电路结构

测试原理为：

测量绝缘电阻时，被测试样与高阻抗直流放大器的输入电阻"R_0"串联并跨接于直流高压电源上（由直流高压发生器产生）。高阻抗直流放大器将漏电电流在输入电阻 R_0 上的分电压讯号经放大后推出至指示仪表。由指示仪表直接读出被测试样的绝缘电阻值，测试原理如图 18-3 所示。

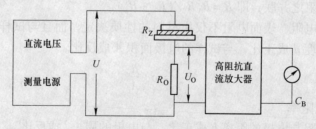

图 18-3　绝缘电阻测试原理

U—测试电压（V）；R_0—输入电阻（Ω），其上电压降 U_0(V)；R_Z—被测试样的绝缘电阻（Ω）

由于 $R_z \gg R_0$，故 $R_z \approx \dfrac{U}{U_0} R_0$。

四、实验内容与步骤

实验内容包括以下几个：

（1）测试酚醛胶布板（干燥的）的体电阻、表面电阻、总的绝缘电阻。试样分 1 号、2 号、3 号。

（2）测量酚醛胶布板（受潮的）体电阻、表面电阻、总电阻。试样分 4 号、5 号、6 号。

（3）测量硅酸盐玻璃的体电阻、表面电阻、总电阻。

（4）测量聚四氟乙烯烯板的体电阻、表面电阻、总电阻。

（5）测量云母片的体电阻、表面电阻、总电阻。

（6）将所测得的电阻值计算 ρ_V 与 ρ_S。

（一）测试前的准备

（1）准备好本次实验所用的样品。酚醛胶布板（干燥的）三块，1 号、2 号、3 号和（受潮的）三块，4 号、5 号、6 号。硅酸盐玻璃两块，聚四氟乙烯板一块，云母片一块。

（2）测试前测试仪面板上各开关的位置：

1）测试开关置于"10V"处。

2）倍率开关置于最低挡位置。

3）"放电—测试"开关置于放电位置。

4）输入短路开关置于短路位置。

5）极性开关置于"0"位置。

6）仪器接地端用导线妥善接地。

7）接通电源，合上电源开关，预热 15min，将极性开关置于"＋"处（只有测试负极性电流时才置于"－"处），此时仪表指针会离开"∞"及"0"处，这时可慢慢调节"∞"及"0"电位器，使指针指于"∞"及"0"处。对准后，将倍率选择开关由 ×10² 和 ×1⁻¹ 位置转至于"满度"位置（这时输入端开关应拨向开路）。这时指针"∞"位置指于满度，如不到或超过，则可调节"满度"电位器，使之回到满度。然后再把倍率开关拨到 ×10² 和 ×1⁻¹ 处，使指针仍指于"∞"及"0"处，这样多次反复，直至把仪表灵敏度调好。在测试中要经常检查满度"∞"，以保证仪器的测量精度。

（二）测量步骤

（1）将试样置于三电极箱中，并按图 18-4 接线。

（2）三电极接好后（按测 R_V 接线），盖上屏蔽盒，将 R_V 与 R_S 开关拨向 R_V。

（3）将测试电压选择开关置于所需的测试电压挡（本次试验不超过 100V）。

（4）"放电—测试"开关置于测试挡，短路开关仍置于"短路"挡。对试样经一定时间的充电后，即可将输入短路开关拨上，进行读数，若发现指针很快打出满度，则立即将

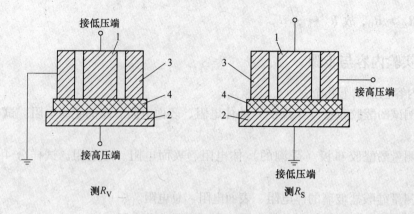

图 18-4   三电极箱接线图

1—测试电极；2—高压电极；3—保护电极；4—被测试样

输入短路开关拨向"短路"，"放电—测试"开关拨向放电位置。待查明原因后再进行测试。

（5）当输入短路开关打开后，如发现表头无读数或很小，可将倍率开关升高一挡，并重复(2)、(3)操作步骤，这样逐挡升高，倍率开关直至读数清晰为止（尽量取在仪表刻度上 1 ~ 10 那段为好）。

（6）将仪表上的读数（单位为兆欧）乘以倍率开关所指示的倍率及测试电压开关所指的系数（10V 为 0.01，100V 为 0.1，250V 为 0.25，500V 为 0.5，1000V 为 1）即为被测试样的绝缘电阻值。

（7）一个试样的 R_V 测试完毕后，将"放电—测试"开关拨到"放电"位置，"输入短路"开关拨到短路，进行放电。然后将 R_V、R_S 开关拨向 R_S 并按上述测 R_S 接线要求接线，测量试样的 R_S，其他操作与测量 R_V 相同。

（8）将每一试样所测得的 R_V、R_S 依下述公式计算出 ρ_V、ρ_S：

$$\rho_V = R_V \frac{\pi r^2}{d}$$

$$\rho_S = R_S \frac{2\pi}{\ln \frac{D_2}{D_1}}$$

式中，r 为测试电极半径，cm；d 为试样厚度，cm；D_1 为测试电极直径，cm；D_2 为保护电极直径，cm。

（9）算出各试样的电导、电导率。

（10）测量介质的总电阻，将 R_V、R_S 开关拨向 R_V 处，只用上下电极而不用保护电极，这样成为二电极系统，其他操作与测量 R_V 相同。

五、数据记录及处理

（1）掌握测量方法，熟悉操作步骤，严禁测量电极短路。

（2）将所测得的数值与计算的数值填入表18-1。

表18-1　测量数据处理图

样品名称	类型	R_V	R_S	ρ_V	ρ_S	g_S	g_V	δ_V	δ_S	R
	干									
	潮									
	干									
	潮									
	干									
	潮									
	干									
	潮									
	干									
	潮									

（3）讨论湿度对表面电阻的影响。

（4）按上述要求写好实验报告。

六、结果与讨论

实验 19　电介质材料的介电常数及损耗与频率的关系

一、实验目的

（1）测量几种介质材料的介电常数（ε）和介质损耗角正切值（$\tan\delta$）与频率的关系，从而了解它们的 ε、$\tan\delta$ 频率特性。

（2）了解电容介质材料在各种频率范围的测量方法。

二、主要仪器

数字电桥。

三、实验原理

自然界的所有物质都是由带电粒子组成的，包括自由电荷（电子、空穴和自由离子）和束缚电荷（原子核、核外内层电子、非自由离子等），其对外电场的作用主要有电极化和电传导两种响应模式。其中，电极化起源于束缚电荷在库仑力作用下的相对位移，正、负电荷中心分离，而使物质表面产生剩余电荷。虽然任何物质都能产生这种极化现象，但只有绝缘体能作为电介质材料使用，这是因为绝缘体中的绝大部分电荷都被束缚在平衡位置附近，具有积聚电荷和储存静电能的能力。介电常数就是这种表征电介质极化能力的物理量，它在本质上是物质内部微观极化率的宏观表现。极化粒子对微观极化率的贡献可以来自不同的极化机制，其中主要包括电子云畸变引起负电荷中心位移的电子极化，正、负离子在库仑力的作用下发生相对位移而产生离子极化，极性分子或极性基团沿电场方向转动而产生的取向极化以及电荷的空间积累引发的空间极化。

介电损耗指电介质材料在外电场作用下发热而损耗的那部分能量。在直流电场作用下，介质没有周期性损耗，基本上是稳态电流造成的损耗；在交流电场作用下，介质损耗除了稳态电流损耗外，还有各种交流损耗。由于电场的频繁转向，电介质中的损耗要比直流电场作用时大许多（有时达到几千倍），因此介质损耗通常是指交流损耗。在工程中，常将介电损耗用介质损耗角的正切值 $\tan\delta$ 来表示。

对于具体的电介质，在外场作用下，往往有一种或多种极化机制占主导地位，在不同的电场频率下，产生主导作用的极化机制往往也不一样。当频率很低（例如 1kHz）或是为零时，所有极化制都能参与响应；而随着频率的增加，慢极化机制会依次退出响应，介电常数就会呈阶梯状降低，且每种极化机制退出时都伴随着一个损耗峰的出现。总之，介电常数表征电介质存贮电能的能力大小，是介电材料的一个十分重要的性能指标；介电损耗是电介质在交变电场中每周期内介质的损耗能量与存储能量之比值，知道这些关系有助于判断材料的性能。

　　通常并不直接测量介电常数，而是通过测量介质的电容来转换成介电常数。不考虑边缘效应，平板试样的电容量可用下式表示：

$$C = \frac{\varepsilon_0 S}{h}(\text{F}) \tag{19-1}$$

式中　S——电极的面积，cm^2；

　　　　h——介质的面积，cm；

　　　　ε——介质材料的介电常数，$\varepsilon_0 = \frac{1}{4\pi \times 9.10}$ F/cm，是真空的介电常数。

以 ε_0 代入式（19-1），可得：

$$C = \frac{\varepsilon S}{3.6\pi h} \tag{19-2}$$

由此得：

$$\varepsilon = \frac{3.6\pi hc}{S} \tag{19-3}$$

如果电极呈圆形，当其直径为 $D(\text{cm})$ 时，介电常数 ε 的计算公式如下：

$$\varepsilon = 14.4\frac{hc}{D^2}$$

其所用单位 h 取 cm，C 取 μF，D 取 cm。

介电损耗直接由数字电桥或阻抗分析仪读出。

四、实验内容和步骤

（1）接通电源后，预热 20min，待仪器稳定后，就可进行测试；

（2）连接测试样品和夹具，选择测量内容为电容和损耗；

（3）改变测试频率，记录下每个频率点下的电容和损耗值；

（4）改变偏压，测试仪器内置的频率点下的电容和损耗；

（5）测量样品的直径和厚度，将电容转换成介电常数；

（6）根据实验所得数据作出 tanδ-f 和 ε-f 的关系曲线。

五、数据记录及处理

绘出电解电容、陶瓷或云母电容和聚合物电容的介电和损耗的频率关系图，并做比较说明。

如果外加一个直流电场（电压），其相应关系如何变化？

六、结果与讨论

实验 20　电介质材料的介电常数及损耗与温度的关系

一、实验目的

（1）测量介质材料的介电系数和介质损耗角正切值与温度的关系。

（2）了解介质的 ε、$\tan\delta$ 温度特性。

二、主要仪器

数字电桥，加热炉。

三、实验原理

介电常数及损耗的温度特性是铁电介质陶瓷材料基本参数之一。铁电介质陶瓷材料一般具有一个以上的相变温度点，其中铁电相和顺电相之间的转变温度被称为居里温度，介质的介电常数随着温度的变化曲线（$\varepsilon\text{-}T$ 曲线）显示，随着温度的升高，在相变温度附近，介电常数会急剧增大，至相变温度处，介电常数值达到最大值；如果所对应的相变温度是居里温度，那么随着温度的继续增加，介电常数随温度的升高将按照居里-外斯（Curie-Weiss）定律的规律而减小。居里-外斯定律为：

$$\varepsilon = \frac{C}{T - T_{\mathrm{C}}} + \varepsilon_{\infty} \tag{20-1}$$

式中，C 为居里常数；T_{C} 为铁电居里温度（对于扩散相变效应很小的铁电体，该温度通常比实际的 $\varepsilon\text{-}T$ 曲线的峰值温度小 10℃左右）；ε_{∞} 表示理论上当测量频率足够大时所测定的只源自快极化贡献的介电常数。

铁电介质陶瓷材料的 $\varepsilon\text{-}T$ 曲线的另一个特点是，与单晶铁电体相比，在居里峰两侧一定高度所覆盖的温度区间比较宽，该温度区间称为居里温区，即对于铁电陶瓷来说，其介电常数 ε 具有按居里区展开的现象，该现象被称为相变扩散。通过对材料的显微组织结构的调整和控制，可以改变介质的居里温度，同时可以控制材料的相变扩散效应，从而达到调整和控制介质的居里温度和在一定温度区间内的介电常数-温度变化率的目的。

本实验采用电桥法，通过测定在一定温度范围内的电容量和损耗随着温度的变化曲线，折算出该介质的介电常数及损耗-温度特性曲线。如果采用圆片电容器试样进行测定实验，那么试样的电容量 C_{x} 与介质的相对介电常数 ε_{r} 之间的换算关系为：

$$\varepsilon_{\mathrm{r}} = \frac{14.4hC_{\mathrm{x}}}{D^2} \tag{20-2}$$

式中，C_{x} 为被测试样的电容量，pF；h 为试样介质的厚度，cm；D 为试样电极的直径，cm。

在测定过程中，影响材料的 ε-T 曲线测定结果的因素很多，如测试夹具，连接导线，升温或降温速度等。因此需要对测试结果进行科学的分析，对测试数据的误差范围进行科学的判断。

四、实验内容和步骤

（1）测量步骤及注意事项：

1）接通电源，预热 30min；

2）选择测试项目；

3）将被测电容接在测试架上；

4）加热炉升温；

5）样品升温，温度恒定后，每隔 2℃ 测量一次 C 和 tanδ 值。

（2）实验要求：

1）实验温区：室温至 150℃；

2）由测量数据绘出 ε-T 和 tanδ-T 关系曲线；

3）分析曲线起伏的原因，并与理论比较。

五、数据记录及处理

六、结果与讨论

实验 21　高频下接线对介电系数和损耗角正切测量度的影响

一、实验目的

（1）正确熟练地使用 Q 表。

（2）了解接线的长短对介电系数和损耗角正切测量准确度的影响，认识在高频情况下这种影响十分显著，因此在高频测量中，必须认真考虑和减小这些因素的影响。

二、主要仪器

高频 Q 表。

三、实验原理

元件在测量时，接线的布局会对测量结果产生一定的影响。这种布局可以是连接导线的长短，导线排列的平行程度，以及导线排列时的间距。当两条导线接线平行排列处于开路状态时，有电容效应；而当两条接线距离太接近时，会有漏电流产生，形成回路电流，造成电感效应。在高频下，这种阻容感效应将较为明显。通过本实验的测量，可以感知接线布局的变化对测量结果的影响程度。高频接线产生阻容感特性的基本原理图如图 21-1 所示。

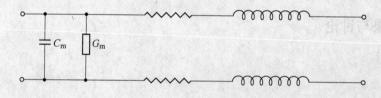

图 21-1　高频接线产生阻容感特性的基本原理图

在直流情况下，接线相当于一个小电阻，而在交流下两根接线的等值电路为：当频率较低时，因为电感 L_m、电容 C_m 和漏电导 G_m 很小，而电阻 Y_m 也不大，因此均可忽略不计。此时接线的长短和布局都可以不加考究。然而在高频下这种影响就不得不加以考虑，它可以使测量误差大大增加，以致使得测量的数据比实际数据大一倍到数倍；而当频率更高时，甚至能相差一两个数量级，因此在测量中应该采取尽可能减小接线长度，使接线垂直交叉等措施，甚至采用特殊导线如同轴线等以便减小导线的影响。

用 Q 表来测量一负载，例如测量一标准空气可变电容器时，其装置原理图如图 21-2 所示。

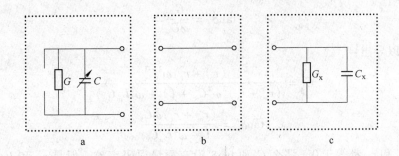

图 21-2　低频等效电路图

a—Q 表等值线路图；b—接线；c—可变电容器

当频率不十分高时，接线可以简化成图 21-3 所示的等值电路。

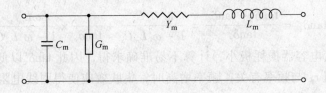

图 21-3　中频接线等效电路图

图 21-3 中 C_m 为导线间的等数效分布电容，G_m 是导线间的漏电导，r_m 是导线电阻，L_m 是导线电感。当未接上负载时电阻 r_m 和电感 L_m 不起作用，因此引线就可以用电容 C_m 和电导 G_m 来代替。当在接入试样后情况就不同了，电阻 r_m 和电感 L_m 将给测量结果带来影响，接入试样后引线和试样的等值电路如图 21-4 所示。

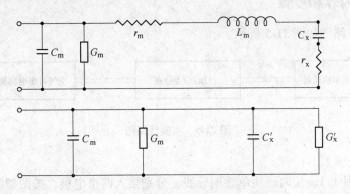

图 21-4　接入试样后的等效电路（上）和等值变换（下）图

图 21-4 中上下两图的复阻抗谱可写为下面等式的左和右两个部分。即接线的电阻 r_m 和电感 L_m 及试样的电容 C_x 和电阻 r_x 在等值变换后简化变为等效电容 C_x' 和电导 G_x'：

$$(r_m + r_x) + j\left(\omega L_m - \frac{1}{\omega C_x}\right) = \frac{1}{G_x' + j\omega C_x'} \tag{21-1}$$

根据电路原理，可以得到电容 C_x' 和电导 G_x' 产生的损耗为：

$$\tan\delta_x' = \frac{G_x'}{\omega C_x'} \tag{21-2}$$

由此可以导出：

$$C_x' = \frac{(r_m + r_x)\omega^2 C_x^2}{(r_m + r_x)^2 \omega^2 C_x^2 + (1 - \omega^2 L_m C_x)^2} \tag{21-3}$$

$$\tan\delta_x' = \frac{(r_m + r_x)\omega C_x}{1 - \omega^2 L_m C_x} \tag{21-4}$$

如果 L_m 和 r_m 都等于 0，那么 C_x' 和 $\tan\delta_x'$ 没有测量误码率差。但是 r_m 和 L_m 不等于零，而频率 ω 又很大时，测量结果将大大偏离真实数值。因此由接线所造成的固有测量误差为：

$$\Delta C_x = \frac{C_x' - C_x}{C_x} = \frac{\omega^2 L_m C_x}{1 - \omega^2 L_m C_x} \tag{21-5}$$

$$\Delta \tan\delta_x = \frac{\tan\delta_x' - \tan\delta_x}{\tan\delta_x} = \frac{\omega^2 L_m C_x}{1 - \omega^2 L_m C_x} + \frac{1}{\tan\delta_x} \times \frac{\omega L_m r_m}{1 - \omega^2 L_m C_x} \tag{21-6}$$

由于空气可变电容器损耗极小，计算不易准确求得，因此 $\tan\delta_x'$ 以低频时测得的值作标准，而引线电阻 r_m 与频率有关，频率增高时，集肤效应使得引线电阻 r_m 急剧增加，r_m 的数值可按以下公式进行计算：

对于铜线而言：

$$r_m = 1.11 \times 10^{-2}/r^2 + 8.32 \times 10^{-5} f/r \, (\Omega/m)$$

式中，r 为导线半径，mm，对于单股铜线，$d = 2r = 1.76$mm，对于同轴线，$d = 2r = 0.70$mm；f 为频率，Hz。

四、实验内容和步骤

（1）实验线路图如图 21-5 所示。

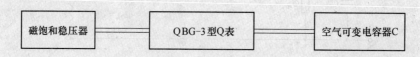

图 21-5　实验线路图

（2）实验步骤如下：

1）选取两根 1.1m 长两硬质单感铜导线，分别接入两个电极，按图架空连接；

2）调节空气可变电容器电容量为 $C_x = 150$pF；

3）接入标准电感线圈，合上 Q 表电源开关；

4）调节 Q 表波段开关和频率盘到所需频率，进行零点调节；

5）在不接和接入电容 C_x 时调谐。记下相应的电容 C_1、C_2、Q_1、Q_2 值；

6）选择适当的线圈在不同频率下重复进行上述测量；

7）选取两根长度为 0.7m 及 0.3m 的导线按上述步骤重新测量记下相应 C_1、C_2 和 Q_1、Q_2 值；

8）选取 1.1m 长度的同轴线按上述步骤测量记下相应的 C_1、C_2 和 Q_1、Q_2 值；

9）测量导线电感，将上述不同长度的两行导线或同轴线分别接入 Q 表 L_x 上并将终端短路，根据 L_x 大小按 Q 表面极上所指定频率上调谐，测量出 L_m 值；

10）测量线间的电容，在 Q 表 L_x 上接入标准线圈，C_x 上接上平行导线或同轴线，选择相当的调谐频率，在导线不接负载和从 C_x 接线柱上去掉导线两次调谐，记下相应的电容 C_1 及 C_2。

五、数据记录及处理

（1）根据测量结果按式（21-5）计算不同长度导线时的 ΔC_x 记入表 21-1 内，并在同一坐标图上作出 ΔC_x 与 f 的关系曲线。

（2）根据测量结果式（21-6）计算不同长度导线时的 $\Delta\tan\delta_x'$ 列入表 21-2 内，并在同一坐标图上作出 $\Delta\tan\delta_x$ 与 f 的关系曲线（$\tan\delta_x$ 数值取得最小低频率时 $\tan\delta_x$ 测量值）。

（3）按式（21-5）和式（21-6）算出 1.1m 长导线的 ΔC_x、$\Delta\tan\delta_x'$ 的理论值，列入相应表中，作出 ΔC_x 和 $\Delta\tan\delta_x$ 的理论曲线（同轴线不进行理论计算）。

（4）讨论理论曲线与实验曲线，并比较其差别，分析产生误差的原因。

（5）讨论和分析接线长短对测量参数准确度的影响因素，由实验可得出几条什么结论？

表 21-1　实验记录表一

$f(\mathrm{MC})$	$l = 1.1\mathrm{m}$			$l = 0.7\mathrm{m}$	$l = 0.3\mathrm{m}$	同轴线
	$\omega^2 L_m C_x$	$\Delta C_{实}$	$\Delta C_{计}$	$\Delta C_{实}$	$\Delta C_{实}$	$\Delta C_{实}$
0.15						
0.60						
1.80						
4.40						
5.60						

注：$L_m = 1.45\,\mu\mathrm{H}$。

表 21-2　实验记录表二

$f(\mathrm{MC})$	$l = 1.1\mathrm{m}$			$l = 0.7\mathrm{m}$	$l = 0.3\mathrm{m}$	同轴线
	γ_m	$\Delta\tan\delta_{x实}'$	$\Delta\tan\delta_{x计}'$	$\Delta\tan\delta_{x实}'$	$\Delta\tan\delta_{x实}'$	$\Delta\tan\delta_{x实}'$
0.15						
0.60						
1.80						
4.40						
5.60						

六、结果与讨论

实验 22　　PTC 热敏电阻器伏安特性测试

一、实验目的

通过对热敏陶瓷材料 $I\text{-}V$ 特性的测量，学会和掌握一般正温度系数（PTC）热敏电阻器的静态伏安特性的测量方法，并通过对实验数据、曲线的处理和分析，了解 PTC 热敏电阻器的静态伏安特性与其他电阻温度特性，功率电阻特性的关系及其电压效应的影响。同时，还可以学会从中获得材料（或器件）的其他性能参数。例如耗散系数 δ，恒温功率 P 以及耐电压 U_m 等。

二、主要仪器

热敏电阻，稳压电源，电压表，电流表。

三、实验原理

缓慢均匀地改变电源电压，使得通过样品的电流和端电压也相应地发生变化。由于元件在电压作用下，焦耳热将导致元件自身温度发生变化。这种自热效应和电压效应将使元件电阻也发生相应的变化。在具体的实验条件下，若让电压变化得足够慢，元件将处于热平衡状态，各平衡点的电压和电流的关系即为元件在该环境温度下的静态伏安特性。

由本课程的知识可知，$I\text{-}V$ 特性和功率电阻特性是简单的坐标变换关系，因而由所测得的静态伏安特性可以得到功率电阻特性；从而可进一步求得逐步施加电压到 $U_{\max}$ 情况下的实际温度特性。

本实验采用直流可调稳压电源，通过元件的电流由取样电阻 R_T 的端电压取出。该电压和样品本身的端电压同时分别由函数记录仪记录下来（流过样品的电流为 V_x/R_T）。具体线路如图 22-1 所示。

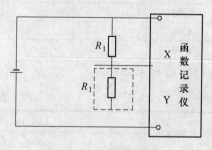

图 22-1　实验原理图

四、实验内容和步骤

（1）记下室温 T；

（2）将样品置于样品盒内的夹具上；

（3）按照实验电路图接好线路，将样品盒面板上的开关置于"关"的位置，并测量和记下室温时电阻 R_T；

（4）打开电源开关，并调到 0V 输出；

（5）将样品盒面板上的开关置于"开"的位置；

（6）缓慢且均匀地升电压，直到 V_y 为最大量程（或电流稍回升的趋势时）；

（7）关掉全部电源，实验结束。

五、数据记录及处理

试说明电流随电压变化的原因。

六、结果与讨论

实验 23　NTC 陶瓷热敏电阻器的温度特性测试

一、实验目的

（1）掌握电桥法和分压法测量 NTC 热敏电阻器的阻温特性。

（2）利用非线性函数关系的评定作出本实验的最佳曲线。

二、主要仪器

稳压电源，加热炉，标准电阻箱。

三、实验原理

负电阻温度系数 NTC 热敏半导体陶瓷材料的电阻率 ρ 随温度 T 升高而增大，由半导体物理可知，一般半导体材料的电阻-温度特性可以近似地用下式表达：

$$\rho = Ae^{B/T} \tag{23-1}$$

式中，A 为常数；B 为材料常数，可通过实验测定材料的 A、B 值，其过程如下：

在温度 $T = T_1$ 时测定得元件之电阻为 R_1，$T = T_2$ 时测得元件之电阻为 R_2，则：

$$R_1 = \frac{l}{S}\rho(T_1) = \frac{l}{S}Ae^{B/T_1} \tag{23-2}$$

$$R_2 = \frac{l}{S}\rho(T_2) = \frac{l}{S}Ae^{B/T_2} \tag{23-3}$$

$$\frac{R_1}{R_2} = e^{B(1/T_1-1/T_2)}$$

$$B\left(\frac{1}{T_1} - \frac{1}{T_2}\right) = \ln R_1 - \ln R_2 \quad \text{以及} \quad B = \frac{T_1 T_2(\ln R_1 - \ln R_2)}{T_1 - T_2} \tag{23-4}$$

将式（23-4）代入式（23-2），得到：

$$A = \frac{R_1 S}{l}e^{-BT} = \frac{R_1 S}{l}\exp\left[\frac{T_2(\ln R_2 - \ln R_1)}{T_2 - T_1}\right]$$

式中，l 为元件长度；S 为元件截面积。

在测量热敏材料的温度特性时，要求在零功率下进行。所谓元件的零功率，是指在元件上所加电压不使元件本身发热而引起阻值变化的最大功率，一般热敏电阻的零功率约为几伏的范围。

本实验介绍两种测试方法，即电桥法和分压法。

（1）电阻式电桥法。电桥电路是测量电阻的一种常见电路，其基本原理图如图 23-1

所示。图中电桥可用惠斯登电桥，R_N 为可调节标准电阻，R_t 为样品，K 为开关，先将 K 与 R_t 接通记下指示电压表上的指针的位置。然后将 K 与 R_N 接通。调节 R_N 使电压表上的指针与接 R_t 时的位置相同。

因此，这时 $R_t = R_N$。测量时样品 R_t 置于温度可以控制的加热炉内。当 R_t 随着温度发生变化时，调节 R_N，可以测出不同温度下的 $R_t = R_N$，但由于 NTC 热敏电阻的阻值随温度的变化很大，

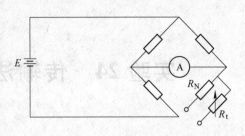

图 23-1 电阻电桥法电路图

约为两个数量级以上，一般的电桥不易满足测量要求，所以我们再介绍下面的分压法。

（2）分压法。分压法测量电阻的电路如图 23-2 所示，E 为一直流稳压电流取 1.5V 左右，R_t 为样品，R_N 为标准可调电阻，E 为直流稳压电源，V_1 与 V 为数字式直流电压表，R_t 可由下式给出：

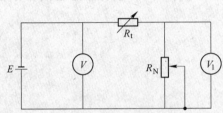

图 23-2 分压法电路图

$$R_t = \left(\frac{V}{V_1} - 1 \right) R_N \qquad (R_N \ll R_t) \quad (23\text{-}5)$$

原则上测量时，固定 R_N 和 V，测得 V_1 即可求出 R_t。由于 R_t 随温度的升高而减小，加在 R_t 上的电压也随之不断减少，则加在 R_N 上的电压也随之不断增大。在测量时如果 $V/V_1 = 11$，则有 $t = 10R_N$，R_t 的值可通过标准电阻 R_N 计算得到。

四、实验内容和步骤

（1）按照电路图连好电路，得到 $V = 1.43\text{V}$，$V_1 = 0.13\text{V}$。

（2）将样品置于恒温器内。

（3）从室温起，温度每上升 2℃，记下 R_N 的值。

（4）作出 R_t-t 关系的最佳曲线。

五、数据记录及处理

六、结果与讨论

实验 24　传输法测试压电陶瓷参数

一、实验目的

（1）掌握压电陶瓷性能参数的测试方法。

（2）测量压电陶瓷的谐振频率 f_r 和反谐振频率 f_a，并由此算出机电耦合系数 K_p，K_{31}。

（3）测量谐振阻抗 $|Z|$ 和机械品质因素 Q_m。

（4）测试频率常数。

二、主要仪器

信号发生器，电压表，电阻箱。

三、实验原理

将压电振子接入一特定的传输网络中（如图 24-1 中 A、B 两点），外加一定的信号电压给压电振子，并逐步改变电压频率，当频率调到某一数值时，压电振子产生谐振。此时振子阻抗最小，输出电流最大，以 f_m 表示最小阻抗（或最大导纳）的频率。当频率继续增大到另一频率时，振子阻抗最大，输出电流最小，以 f_n 表示最大阻抗（或最小导纳）的频率。我们把阻抗最小的频率近似作为谐振频率 f_r，阻抗最大的频率近似作为反谐振频

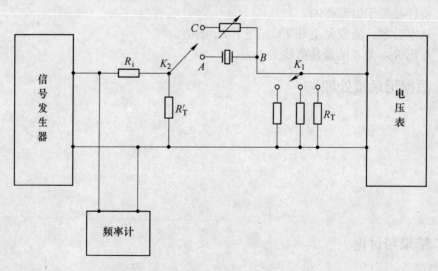

图 24-1　π 型网络传输法测试线路 R'_T

率 f_a，压电振子的电抗特性如图 24-2 所示。

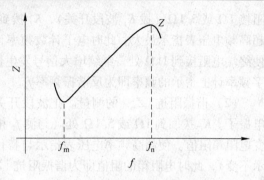

图 24-2　压电振子的电抗特性

我们可以将压电振子在谐振频率附近的参数和特性用相应电路的参数和特性来表示，这个电路称为电振子的等效电路。

压电陶瓷材料的机电耦合系数是综合反映压电陶瓷材料性能的参数，是衡量材料压电性好坏的一个重要物理量。它反映了压电陶瓷材料的机械能与电能之间的耦合效应。通过谐振频率 f_r 和反谐振频率 f_a（如果 $\Delta f = f_a - f_r$ 较小的话）可直接计算出 K_p，K_{31}。

图 24-3 为陶瓷片的等效电路。

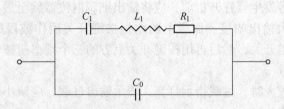

图 24-3　陶瓷片的等效电路

L_1—动态电感；C_1—动态电容；R_1—动态电阻

（或串联谐振电阻）；C_0—并联电容（或静态电容）

如果样品是圆片，则：

$$K_p = \sqrt{2.5 \frac{\Delta f}{f_r}}$$

如果样品是薄长片，则：

$$K_{31} = \sqrt{\frac{\pi^2}{4} \times \frac{\Delta f}{f_r}} = \sqrt{2.47 \frac{\Delta f}{f_r}}$$

频率常数 N_r 是表征材料特性的另一个参数，定义为谐振频率 f_r 与另一确定振子的尺寸之乘积，对于长条振子，此尺寸为长度，对于圆片径向振子，此尺寸为直径，频率常数为 Hz·m，或 kHz·mm，例如薄长片振子沿长度方向伸缩振动的频率常数为 $N_r = f_r l$。

知道了材料的频率常数，就可以根据所要求的频率来确定压电振子的尺寸。

用代替法测出 $|Z_m|$，并由 Z_m 计算机械品质因素 Q_m：

$$Q_m = \frac{1 \times 10^{12}}{4\pi R_1 C_T \Delta f}$$

式中　R_1——等效电阻 $|Z_m|$，Ω；

　　　C_T——低频电容（用低频电桥测得）。

四、实验内容和步骤

（1）f_r，f_a 的测量。把压电振子接入测试线路的 A、B 两点，如图 24-1 所示，终端电阻接 1Ω 或 5.1Ω（拨 K_1 波段开关），K_2 拨到样品挡，调节讯号发生器从低频到高频，使超高频电压表指示最大。此时电子计数频率计上的读数即为谐振频率 f_r，拨波段开关 K_1，使终端电阻接到 1kΩ 处，继续增大信号发生器的频率，使频高频电压表指示最小，此时数字频率计上指示的频率即为反谐振频率 f_a。

（2）谐振阻抗 $|Z_m|$ 的测量。把波段开关 K_2 拨到 C 处，也就是用无感电阻替代了压电振子。K_1 拨回到 1Ω 或 5.1Ω 处（与测 f_r 相同）调节信号发生器到谐振振频率 f_r 处，改变电阻箱阻值。使超高频率电压表指示与替代前接压电振子完全相同（拨动 K_2 电压表指示不变），此时电阻箱的阻值即为谐振阻抗 $|Z_m|$。

（3）用电容电桥测出样品的 C_T。

（4）用游标卡尺测出样品的 d、t。

（5）更换样品（更换时要轻轻夹放）重复以上操作。

注意事项为：信号发生器在开机前，应将输出细调电位器旋至最小，开机后过载指示灯熄灭后，再逐渐加大输出幅度。面板上的六挡按键开关用作波段的选择，根据所需频率，可按下相应的按键开关，然后再用按键开关上方的三个频率扭按十进制原则细调到所需频率。

当输出旋钮开得较大时，过载指示灯亮，表示输出过载，应减小输出幅度。如果指示灯一直亮，应停机检查故障。

五、数据记录及处理

将实验数据列于表 24-1 中。

表 24-1　实验记录表

样品名称	d	t	f_x	f_a	C_T	$|Z_m|$	$K_p(K_{31})$	N_r	Q_m	ε_{33}^T

六、结果与讨论

实验 25　压电系数 D_{33} 的测量

一、实验目的

（1）了解压电效应、逆压电效应的定义和数学表达式。

（2）了解压电系数的含义和测量方法。

二、主要仪器

压电系数 D_{33} 测量仪。

三、实验原理

压电效应的应用在日常生活和经济建设中大量存在，压电器件的应用十分普及，如燃气灶的打火设置，电子打火机的打火装置，医学上应用的 B 超的换能器，探海的声呐，电子工业中的压电滤波器、压电晶体振荡器。

如要了解压电器件，首先要了解压电效应和逆压电效应。

（1）压电效应：由机械力作用而使电介质晶体产生并形成表面电荷的现象称为压电效应。

（2）逆压电效应：将具有压电效应的晶体置于电场中，晶体不仅产生了极化，同时还产生了形变，这种由电场产生形变的现象称为逆压电效应。

（3）压电效应和逆压电效应的数学表达。

压电效应的表达式为：

$$D_m = d_{mj}x_j$$

即

$$\begin{bmatrix} D_1 \\ D_2 \\ D_3 \end{bmatrix} = \begin{bmatrix} d_{11} & d_{12} & d_{13} & d_{14} & d_{15} & d_{16} \\ d_{21} & d_{22} & d_{23} & d_{24} & d_{25} & d_{26} \\ d_{31} & d_{32} & d_{33} & d_{34} & d_{35} & d_{36} \end{bmatrix} \begin{bmatrix} X_1 \\ X_2 \\ X_3 \\ X_4 \\ X_5 \\ X_6 \end{bmatrix} \tag{25-1}$$

$$D_m = e_{mj}x_j \tag{25-2}$$

式中，D_m 为电位移矢量；X_j 为应力；x_j 为应变；d_{mj} 为压电应变系数；e_{mj} 为压电应力系数，其中 $m = 1$，2，3；$j = 1$，2，3，4，5，6；下角标"m"代表电学量的方向，下角标"j"

代表力学量的方向；1，2，3 分别对应直角坐标系 X，Y，Z 三个方向。

逆压电效应的表达式为：

$$x_i = d_m E_n$$

即

$$\begin{bmatrix} x_1 \\ x_2 \\ x_3 \\ x_4 \\ x_5 \\ x_6 \end{bmatrix} = \begin{bmatrix} d_{11} & d_{21} & d_{31} \\ d_{12} & d_{22} & d_{32} \\ d_{13} & d_{23} & d_{33} \\ d_{14} & d_{24} & d_{34} \\ d_{15} & d_{25} & d_{35} \\ d_{16} & d_{26} & d_{36} \end{bmatrix} \begin{bmatrix} E_1 \\ E_2 \\ E_3 \end{bmatrix} \tag{25-3}$$

$$X_j = e_{nj} E_n \tag{25-4}$$

式中，$n = 1$，2，3；$i = 1$，2，3，4，5，6。d_{ni} 为 d_{mj} 的转置矩阵；e_{ni} 为 e_{mj} 的转置矩阵。

当沿着压电晶体的极化方向（如 Z 轴或 3 方向）施加应力 T_3 时，在电极面（上、下两表面）上所产生的电荷密度为：

$$\sigma = d_{33} T_3$$

在 MKSQ 制中，电位移 $D_3 = \sigma$，故有：

$$D_3 = d_{33} T_3$$

式中，d_{33} 为压电常数，下角标中的第一个数字指电场方向或电极面的垂直方向；第二个数字指应力或应变方向。

同理，在 X 轴方向和 Y 轴方向施加机械应力 T_1、T_2 时，在电极面 A_3 上所产生的电位移为：

$$D_3 = d_{31} T_1$$

$$D_3 = d_{32} T_2$$

当晶体同时受到 T_1，T_2，T_3 的作用时，电位移和应力的关系为：

$$D_3 = d_{31} T_1 + d_{32} T_2 + d_{33} T_3$$

但在实际应用中，通常电场方向和受力方向均在极化方向（Z 轴方向或 3 方向），故压电系数 d_{33} 即显得特别重要了。

同理，对于逆压电效应，当分别沿压电晶体的极化方向（Z 轴方向或 3 方向）施加电场 E_3 时，切应变 S 与外电场 E 的关系为：

$$S_3 = d_{33} \times E_3$$

从 D_3 和 S_3 的表达式可知，压电系数 d_{33} 是描述压电材料性能的重要参数，对我们了解压电材料的性质具有十分重要的意义。

四、实验内容

(一) 静态法

静态法是被测样品处于不发生交变形变的测试方法，测试时，使样品承受一定大小和方向的力的作用，根据压电效应，压电晶体将因形变而产生一定的电荷，这些电荷充在样品的电极板间而形成一定的电压。因此，测定出作用力的大小和所产生的电荷或电压，即可求得压电常数。

如果只受沿压电晶体极化方向（Z 轴方向或 3 方向）力的作用，由上面讨论可知，有：

$$D_{33} = d_{33}T_3$$

式中，D_{33} 是表面上的电位移，即表面电荷密度。若作用力为 F，则电极上产生的总电荷 Q 为：

$$Q = d_{33}F$$

设样品的静电容为 C，则因充有电荷 Q 而产生电压 U，于是有：

$$d_{33} = CU/F$$

这即是静态法的测量原理。

(二) 准静态法

准静态法是指被测样品处于接近静止的状态，更确切地说，样品处于远离最低谐振点的运动状态。它和静态法一样，不是通电于样品，而是施力于样品，不过此力是交变的。实现的方法可以用交变的力锤或把样品放在振动台上。此方法的原理是当样品以加速度 a 振动时，若样品的上面载有质量为 M 的物体，样品自身的质量为 m，则样品将受到有 F 的力作用：

$$F = [M + (m/2)] \times a$$

于是，和静态法一样，对于压电振子，有：

$$d_{33} = CV/[M + (m/2)] \times a$$

式中，C 是电容；V 是所产生的交变电压。

由于交变的频率低，故电压的测量是方便易行的。准动态法的测量误差比静态法小，一般为 5% 左右。

本实验所采用的是准静态法。

根据测量原理可知，样品将受到一个交变的力的作用，测试系统中对样品及其支架都有一定的要求：

（1）样品。样品表面要有较高的平整度和光洁度，为补偿机械上的不平整，通常用球接触法。

（2）样品支架。此支架应保证传力均匀、准确，绝缘性能要好，绝缘材料可用有机材料或玛瑙，在测试前要用乙醚擦洗，防止表面被沾污。

（3）马达转动必须平稳。

本测试系统是在样品上加一约 $0.25N$，频率为 $110Hz$ 的低频交变力，通过上下探头加到比较样品和被测试样上。由正压电效应产生的两个电信号经过放大、检波等必要的处理，最后将代表样品的 d_{33} 常数的大小及极性在数字面板上直接显示。

五、实验步骤

下面的测量方法适用于试样电容小于 $0.01\mu F$（$\times 1$ 挡）或小于 $0.01\mu F$（$\times 0.1$ 挡）的情况。

（1）用两根多芯电缆把测量头和仪器本体连接好。

（2）把附件盒内的塑料片插入测量头的上下两探头之间，调节测量头顶端的手轮，使塑料片刚好被压住为止。

（3）把仪器后面板上的"d_{33}—力"选择开关置于"d_{33}"一侧（如置于"力"一侧，则面板表上显示的是低频交变力值，应为"250"左右，这是低频交变力 $0.25N$ 的对应值）。

（4）使仪器后面板上的 d_{33} 量程选择开关按被测试样的 d_{33} 估计值处于适当位置，如无法确定估计值，则从大量程开始（d_{33} 量程选择开关置于 $\times 1$ 一侧）。

（5）在仪器通电预热 $10min$ 后，调节仪器前面板上的调零旋钮使面板表指示在"0"与"–0"之间。

（6）去掉塑料圆片，插入待测试样与上下两探头之间，调节手轮使探头与样品刚好夹住，静压力应尽量小，使面板表指示值不跳动即可。静压力不易过大，如力过大，会引起压电非线性，甚至损坏测量头。但也不能过小，以至试样松动，指示值不稳定。指示值稳定后，即可读取 d_{33} 的数字和极性。但测量大量厚度的试样时，则可轻轻压下测量头的环氧板。取出已测试样，插入一个待测样品后，松开环氧板即可；不必再调节测量头上方的调节手轮，这样既方便，且还使静压力保持一致。

（7）为减少误差，零点如有变化或换挡时，须重新调零。

（8）探头的选择：随仪器一起提供的有两个试样探头，测量时，至少试样的一面应为点接触，故推荐使用圆形探头（A 型探头）。但被测试样为圆管、较薄或较大试样时，下面用平探头（B 型探头）为好。

（9）对大电容试样的修正：当被测试样的电容大于 $0.01\mu F$（$\times 1$ 挡），或大于 $0.001\mu F$（$\times 0.1$ 挡）时，其影响可忽略不计。当被测试样的电容大于 $0.01\mu F$（$\times 1$ 挡）或大于 $0.001\mu F$（$\times 0.1$ 挡）时，由于电容过大会造成附加的测量误差，测量误差会超过 1%，故应对测量值按下式进行修正：

$$d_{33} = d_{33指示值} \times (1 + C_i) \qquad\qquad \times 1 \text{ 挡}$$

$$d_{33} = d_{33指示值} \times (1 + 10C_i) \qquad\qquad \times 0.1 \text{ 挡}$$

式中，C_i 为以 μF 为单位的试样电容值。

六、数据记录与处理

七、结果与讨论

实验 26　压电陶瓷变压器基本特性测试

一、实验目的

（1）掌握压电陶瓷变压器的频率特性、升压比、输入阻抗的测试方法。

（2）加深对压电陶瓷变压器基本特性的理解。

二、主要仪器

低频信号发生器，低频电子管毫伏表，压电陶瓷变压器，测试架。

三、实验原理

压电陶瓷变压器只有在谐振时升压比最高，其谐振频率取决于陶瓷片的尺寸及材料声速，即 $f = \gamma / \lambda$，λ 是沿长度方向的驻波波长。若 $\lambda = 2L$ 即陶瓷片长度等于全波波长时，称为全波谐振模式。若 $\lambda = 4L$，即陶瓷片长度等于半波波长时，称为半波谐振模式。全波谐振时节点有两个，分别位于片长的四分之一处，半波谐振时节点有一个，位于陶瓷片的中间。因为全波谐振模式的升压比及工作效率均高于半波谐振模式的升压比和工作效率，所以我们在使用压电陶瓷变压器时，使其工作在全波谐振状态。

压电陶瓷变压器的升压比由下式决定：

$$C_\infty = \frac{V_2}{V_1} = \frac{4}{n^2} Q_m K_{31} K_{33} \frac{L}{t}$$

式中，C_∞ 为空载升压比；Q_m 为材料的机械品质因素；K_{31}，K_{33} 为材料的机电耦合系数；L，t 分别为长度和厚度。

据此可以看出，当材料及工艺确定以后，压电陶瓷变压器的升压比只与长度和厚度的比值有关，欲改变升压比，只要改变 L 与 t 的比值就行了。

压电陶瓷变压器的输入回路，不管是半波谐振或者全波谐振，都呈串联谐振性质。谐振时的等效阻抗为纯电阻。给压电陶瓷变压器的输入端加频率为压电陶瓷变压器谐振频率。测出输入回路电流，根据欧姆定律，便可算出压电陶瓷变压器的输入阻抗。

四、实验内容与方法

频率特性的测试：

（1）测量尺寸为 $70 \times 18 \times 3 \text{mm}^3$ 的压电陶瓷变压器的频幅特性，测试接线图如图 26-1 所示。

（2）调节低频信号发生器，使输出电压为一定值，改变信号频率（选择有代表性的频率点），观察压电陶瓷变压器输出电压，填在表 26-1 内，分别作出压电陶瓷变压器半波

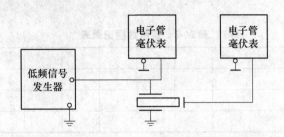

图 26-1　压电陶瓷变压器的频幅特性测试接线图

谐振模式及全波谐振模式的频幅特性曲线。

表 26-1　实验数据记录表

频率										
输入电压										
输出电压										

（3）升压比的测试：

1）测出尺寸为 $70 \times 18 \times 3 \mathrm{mm}^3$ 的压电陶瓷变压器全波谐振模式的空载升压比，测试方法如图 26-1 所示。

2）测出尺寸为 $58 \times 7 \times 1.8 \mathrm{mm}^3$ 的压电陶瓷变压器全波谐振模式的空载升压比，测试方法如图 26-1 所示。

3）比较压电陶瓷变压器升压比与几何尺寸的关系。

（4）输入阻抗的测试：

1）测量尺寸为 $70 \times 18 \times 3 \mathrm{mm}^3$ 的压电陶瓷变压器全波谐振模式的负载为 $1 \mathrm{M}\Omega$ 的输入阻抗，测试方法如图 26-2 所示。调节信号发生器的频率和电压幅度，使压电陶瓷变压器工作在全波谐振模式频率上，并有一定的功率输出。从毫伏表上分别读出 $V_i V_R$ 的数值，电阻 R 阻值已知。根据欧姆定律便可算出压电陶瓷变压器原输入电流和输入阻抗。

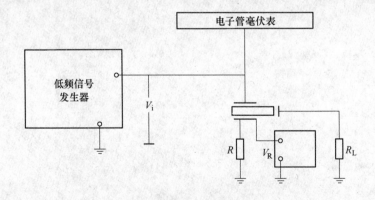

图 26-2　输入阻抗测试接线图

2）改变负载电阻 R_i 的值，保持输出功率一定。用上述方法分别测量出其输入阻抗并填入表 26-2。

表 26-2　实验数据记录表

R_L												
V_i												
V_R												
R_i												

3）分析压电陶瓷变压器输入阻抗与负载阻抗的关系。

五、数据记录及处理

（1）列出实验数据，画出特性曲线。

（2）分析实验结果，得出结论。

六、结果与讨论

实验 27　ZnO 压敏电阻综合特性参数的测试

一、实验目的

通过对 ZnO 压敏电阻综合特性参数的测量，熟悉和掌握 ZnO 压敏电阻的工作原理、测试方法，并通过对实验数据的分析、作图，了解 ZnO 压敏电阻伏安特性的非线性效应。

二、主要仪器

压敏参数测试仪。

三、实验原理

ZnO 压敏电阻可由 ZnO 添加少量的 Bi_2O_3、Sb_2O_3、Co_2O_3 和 Cr_2O_3 等添加剂烧结制备而成，可广泛应用于各种电子领域。该压敏电阻的伏安特性表现为优异的非线性，具有强耐浪涌能力以及压敏电压在宽范围内可调等优异特性。ZnO 压敏电阻在正常电压条件下，相当于一只小电容器，而当电路出现过电压时，它的内阻急剧下降并迅速导通，其工作电流增加几个数量级，从而有效地保护了电路中的其他元器件不致过压而损坏，它的伏安特性是对称的，这种元件是利用陶瓷工艺制成的。

微观结构中包括氧化锌晶粒以及晶粒周围的晶界层。氧化锌晶粒的电阻率很低，而晶界层的电阻率却很高，相接触的两个晶粒之间形成了一个相当于齐纳二极管的势垒，这就是一压敏电阻单元，每个单元击穿电压大约为 3.5V，如果将许多的这种单元加以串联和并联就构成了压敏电阻的基体。

ZnO 压敏电阻器的典型 *I-V* 特性曲线如图 27-1 所示，这不是一条直线，因而也称压敏电阻器为非线性电阻器。压敏电阻器的电阻值在一定电流范围内是可变的。随着电压的增高，压敏电阻器的阻值下降，因此，少许电压增量会引起一个大的电流增量。

由于压敏电阻器的工作电流和电压范围可跨几个数量级，因此常用对数坐标表示 *I-V* 特性。在图 27-1 中，*I-V* 曲线分为三段：

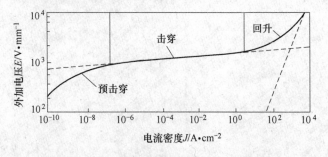

图 27-1　ZnO 压敏电阻器的典型 *I-V* 特性曲线

（1）预击穿区，该区的 $I\text{-}V$ 特性近乎直线；

（2）击穿区，也称非线性区，此时压敏电阻器的电阻值随电压升高而降低；

（3）回升区，$I\text{-}V$ 特性向线性区过渡。

压敏电阻器可用一等效电路来表示，如图 27-2 所示。

在预击穿区，压敏电阻器处于高阻状态，它只有很小的漏电流，在电路中几乎不消耗能量。

在击穿区，压敏电阻器的电阻随电压升高而急剧降低。在此区段，电流变化了几个数量级，而电压基本上不变，表现为非线性电阻性质。

在回升区，$I\text{-}V$ 特性向线性区过渡，此时电流很大。

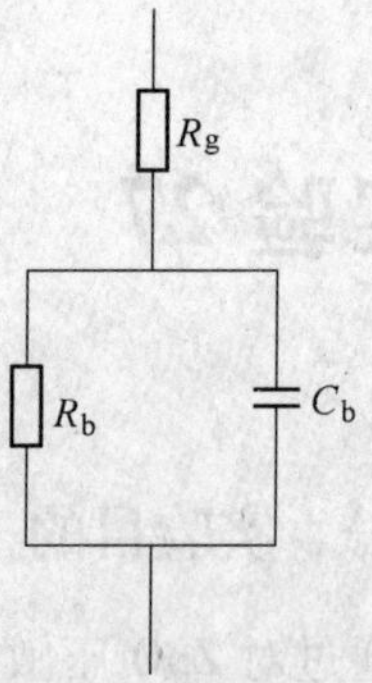

图 27-2　压敏电阻器等效电路
R_g—晶粒电阻；R_b—晶界电阻；
C_b—晶界电容

四、实验内容和步骤

（1）应用压敏电阻系数仪测量给定样品的 V_{1mA}，$V_{0.1mA}$ 和 I_L。

（2）由 $\alpha = 1/\lg\ (V_{1mA}/V_{0.1mA})$ 计算给定样品的非线性系数。

（3）应用直流稳压电源测量不同电压下通过 ZnO 压敏电阻的电流，作 ZnO 压敏电阻的 $I\text{-}V$ 特性曲线。

五、数据记录及处理

六、结果与讨论

实验 28 铁电陶瓷电滞回线的测量

一、实验目的

（1）了解铁电参数测试仪的工作原理和使用方法。

（2）学习用铁电参数测试仪测量电滞回线。

二、主要仪器

ZT-Ⅰ铁电材料参数测试仪。

三、实验原理

早期人们曾把出现电滞回线作为判断铁电性的依据，但是作为铁电体，这一判据并不是唯一的。众所周知，电容器中的电介质具有非线性电阻，或者在强场下介电常数与场强有关时，用通常观察电滞回线的方法也可以出现回线。因为测量方法本身并不能判断回线是由电介质的铁电性所引起的还是由其他原因所引起的。但从另一方面来看，有些铁电体因为电阻率太低或其他原因，根本无法加上足够强的电场来观察回线，因此只能认为出现电滞回线是铁电体的重要特征之一。

但是从实用的观点来看，电滞回线（如图 28-1 所示）是铁电性的一个最重要的标志。图 28-1 是一个铁电材料的典型电滞回线，假定铁电体在外场为零时，晶体中的各电畴互相补充，晶体对外的宏观极化强度为零，晶体的状态处在图上的 O 点。当外加电场于铁电体材料时，如认为所讨论的铁电材料只有彼此成 180°的电畴，则铁电材料中沿电场方向的电畴扩大，而逆电场方向的电畴减小，即逆电场方向的电畴偶极矩转向电场方向，因而使介质的极化强度随着电场强度的增加而迅速地增大（图 28-1 中 A 至 B 段），图中 B 点相应于晶体中全部电畴偶极矩沿电场方向排列，达到了饱和。进一步增加电场，就只有电子的及离子的位移极化效应，P-E 呈直线关系，如图 28-1 中 B 至 C 段。如果减小外电场，晶体的极化强度从 C 点下降，由于自发极化偶极距仍大多在原定电场方向，故 P-E 曲线将沿 CD 曲线缓慢下降。当场强 E 降到零时，极化强度 P 并不下降为零而仍然保留极化，称 P_r（相应于图 28-1 中 OD 线段）为剩余极化强度。这里 P_r 是对整个晶体而言的，而线性部分的延长线与极化轴的截距 P_s（相应图 28-1 中 OE' 线段）表示电畴的自发极化强度，相

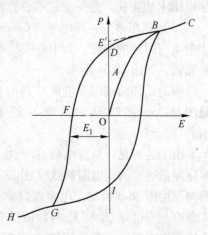

图 28-1　铁电体的电滞回线

当于每个电畴的固有饱和极化强度。要把剩余极化去掉，必须再加反向电场，以达到晶体中沿电场方向和逆电场方向的电畴偶极矩相等，极化相消，使极化强度重新为零的电场 E_1（相应于图28-1中 OF 线段）称为矫顽电场。如果反向电场继续增加，则所有电畴偶极矩将沿反向定向，达到饱和（相应于图28-1中 G 点）。反向场强进一步增加，曲线 G 至 H 段与 B 至 C 段相似。要是电场再返回正向，P-E 曲线便按 $HGIC$ 返回，完成整个电滞回线。电场每变化一周，上述循环发生一次。描述电滞回线最重要的参数为自发极化强度 P_s 和矫顽场强度 E_c。不过矫顽场强与温度和频率有关，通常温度增加，矫顽场强下降；频率增加，矫顽场强增大。

　　铁电体未加电场时，由于自发极化取向的任意性和热运动的影响，宏观上不呈现极化现象。当所加外电场大于铁电体的矫顽场时，沿电场方向的电畴由于新畴核的形成和畴壁的运动，体积迅速扩大，而逆电场方向的电畴体积则减小或消失，即逆电场方向的电畴转化为顺电场方向，因此表面电荷 Q（极化强度 P）和外电压 V（电场强度 E）之间构成电滞回线的关系。另外由于铁电体本身是一种电介质材料，两面涂上电极构成电容器之后还存在着电容效应和电阻效应，因此一个铁电试样的等效电路如图28-2 所示。其中 C_F 对应于电畴反转的等效电容，C_D 对应于线性感应极化的等效电容，R_C 对应于试样的漏电流和感应极化损耗相对应的等效电阻。如果在试样两端加上交变电压，则试样两端的电荷 Q 将由三部分组成：

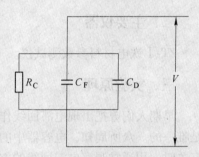

图28-2　铁电测试等效电路图

　　（1）铁电效应：铁电体（Ferroelectric）的电畴翻转过程所提供的电荷 Q_F，当 $E < E_c$ 时，铁电畴不发生翻转，电荷 Q_F 不发生改变；当 $E > E_c$ 时，铁电畴迅速翻转，电荷 Q_F 突变。当铁电畴全部反转之后，继续增大电场强度，电荷 Q_F 保持不变，所以理想铁电材料的电滞回线为一矩形，如图28-3a 所示。

　　（2）电容效应：铁电体属于电介质（Dielectric）材料，上下表面涂上电极之后，相当于一电容器，在外电场作用下会发生感应极化，产生电荷 Q_D。感应极化所提供的电荷 Q_D 和电压 V 成正比，是一条过原点的直线，如图28-3b 所示。

　　（3）电阻效应：即电导（Conductive）和感应极化损耗所提供的电荷 Q_C，Q_C 是材料中电流与时间的积分，其中电流与电压 V 成正比。积分得到的电荷 Q_C 与电压 V 的关系为一椭圆，如图28-3c 所示。

　　因此试样两端的全电荷 Q 是由 Q_F、Q_D、Q_C 三部分叠加而成的，即 Q 和电压 V 的关系是图28-3a、图28-3b 和图28-3c 三部分的叠加，所以实际测量得到的电滞回线如图28-1 所示。

　　由上述可见，只有电荷 Q_F 与电压 V 的关系才真正反映了铁电体中的电畴翻转过程。实际测量得到的全电滞回线（图28-1）包含了与铁电畴极化翻转过程无关的 Q_D 和 Q_C 的影响。由图28-3可知，电容效应 Q_D 使得 Q_F 的饱和支、上升支和下降支发生倾斜，但是从理论上来说对 Q_F 和 V_c 的数值没有影响。而电阻效应提供的电荷 Q_C 则不同，Q_C 使 Q_F 的饱和支畸变成一个环状端，对 Q_F 和 V_c 的数值都有影响，使测得的数值偏高，造成误

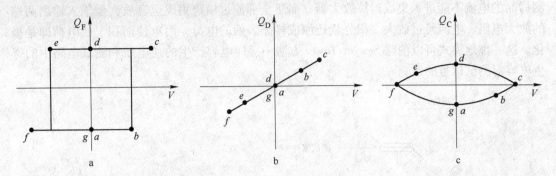

图 28-3　电荷 Q_F、Q_D、Q_C 与电压 V 的关系

差。当电容效应和电阻效应很大时，Q 和 V 的关系将与 Q_F 和 V 的关系相差很大，以致掩盖了电畴翻转过程的特征，形成一个损耗椭圆，以致一些研究者把一部分并无电畴过程的电介质也认为是铁电体。所以正确地获得电滞回线和铁电参数是准确表征铁电性能的前提。

　　测量电滞回线的方法很多，其中应用最广泛的是 Sawyer-Tower 方法，它是一种建立较早，已被大家广泛接受的非线性器件的测量方法，目前仍然是大家用来判断测试结果是否可靠的一个对比标准。图 28-4 是改进的 Sawyer-Tower 方法的测试原理示意图，它将待测器件与一个标准感应电容 C_0 串联，测量待测样品上的电压降（V_2-V_1）。其中标准电容 C_0 的电容量远大于试样 C_x，因此加到示波器 x 偏向屏上的电压和加在试样 C_x 上的电压非常接近；而加到示波管 y 偏向屏上的电压则与试样 C_x 两端的电荷成正比。因此可以得到铁电样品表面电荷随电压的变化关系，分别除以电极面积和样品厚度即可得到极化强度 P 与电场强度 E 之间的关系曲线。

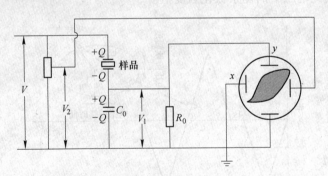

图 28-4　Sawyer-Tower 电路

　　本实验中的铁电性能测试采用美国 Radiant Technology 公司生产的 RT 型标准铁电测试仪。该仪器采用 Radiant Technologies 公司开发的虚地模式，如图 28-5 所示。待测的样品一个电极接仪器的驱动电压端（Drive），另一个电极接仪器的数据采集端（Return）。Return端与集成运算放大器的一个输入端相连，集成运算放大器的另一个输入端接地。集成运算放大器的特点是输入端的电流几乎为 0，并且两个输入端的电位差几乎为 0，因此，相当于 Return 端接地，称为虚地。样品极化的改变造成电极上电荷的变化，形成电流。流过待

测样品的电流不能进入集成运算放大器，而是全部流过横跨集成运算放大器输入输出两端的放大电阻。电流经过放大、积分就还原成样品表面的电荷，而单位面积上的电荷即是极化。这一虚地模式可以消除 Sawyer-Tower 方法中感应电容产生的逆电压和测试电路中的寄生电容对测试信号的影响。

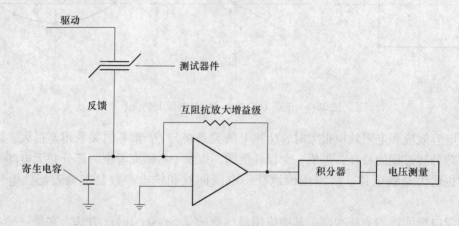

图 28-5　Premier Ⅱ 铁电测试仪虚地模式电路示意图

电滞回线（Hysteresis loop）的测量。图 28-6 是测量电滞回线所用的三角波测试脉冲。第一个负脉冲为预极化脉冲，它只是将待测样品极化到负剩余极化（$-P_r$）的状态，并不记录数据。间隔 1s 后，施加一个三角波来测试记录数据，整个三角波实际是由一系列的小电压台阶构成的，每隔一定时间（Voltage step delay），测试电压上升一定值（Voltage step size），然后测试一次，并通过积分样品上感应的电流可以算出电极表面的电荷，除以电极面积即可得到此电压下的剩余极化强度值。

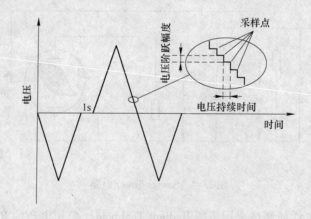

图 28-6　电滞回线测试脉冲

四、实验内容和步骤

主要通过操作铁电测试仪控制软件 Vision，测量铁电材料的电滞回线并从回线上得出剩余极化强度 P_r，自发极化强度 P_s 以及矫顽场 E_c。调整测试电压强度和频率，得到不同电压强度、不同频率下的电滞回线，研究剩余极化强度 P_r 和矫顽场 E_c 随电压强度和频率的变化关系。

（1）启动铁电测试仪，运行铁电测试软件 Vision。

（2）将信号输入端（Drive）和接收端（Return）通过导线连接到待测铁电材料的上下电极。

（3）运行电滞回线测量程序，设定测试电压强度和频率等参数进行测试，如图 28-7 所示。

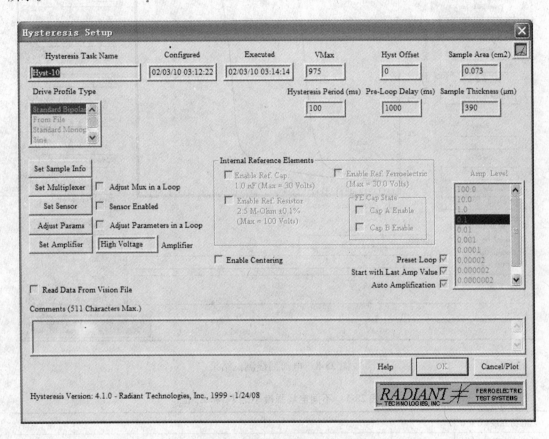

图 28-7　电滞回线测量设置界面

（4）执行程序得到电滞回线，如图 28-8 所示，可以得到该测试条件下的自发极化强度 P、剩余极化强度 P_r 和矫顽场 E_c，导出数据。

（5）分别改变测试的电场强度和频率测量一系列电滞回线。

五、数据记录及处理

将测试数据导出为 txt 格式文件，用 Origin 或其他作图软件打开，并画出电滞回线图。测量不同条件下的剩余极化强度 P_r 和矫顽场 E_c，填入表 28-1 和表 28-2。分别以电场强度 E 和电场频率 f 为横坐标，以 P_r 和 E_c 为纵坐标画图，观察 P_r 和 E_c 随 E 和 f 的变化规律。

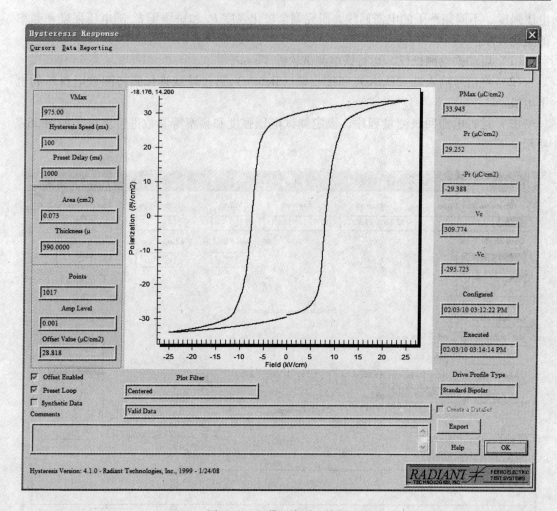

图 28-8 电滞回线测试结果

表 28-1 不同电场强度下的 P_r 和 E_c 值

电场强度(E)					
剩余极化强度(P_r)					
矫顽场强度(E_c)					

表 28-2 不同电场频率下的 P_r 和 E_c 值

电场频率(f)					
剩余极化强度(P_r)					
矫顽场强度(E_c)					

注意事项

根据所测材料的不同选择不同的电压，薄膜一般比较薄（约几百纳米），所需电压

较低（约几十伏），一般选内置低压电源（Internal Voltage Source），测量范围为 0～
100V。陶瓷一般选用经过放大器输出的外部高电压（External High Voltage），测量范围
为 0～9999V。

　　高压测试时务必小心，用耐高压硅油掩盖待测样品，高压输出灯亮时，切勿碰触样
品、探针和机箱，以免触电。高压测试时请将低压测试线从主机面板插孔拔出。测试时先
从低压测起，逐步提高电压，以防样品被击穿。

思考题

（1）如何从电滞回线得出剩余极化强度、饱和极化强度和矫顽场的大小？
（2）电滞回线的形状与哪些因素相关，如何判断其铁电性能的好坏？
（3）电滞回线的面积具有什么物理意义？
（4）如何建立铁电材料性能和应用之间的联系？

六、结果与讨论

第三部分

综合设计实验

实验 29　锆钛酸铅(PZT)压电
陶瓷的制备及性能研究

一、实验目的

通过制备具有压电性能的陶瓷材料 PZT（锆钛酸铅）来掌握特种陶瓷材料的整个工艺流程，并掌握一定的压电陶瓷性能测试手段。

二、主要仪器设备

电子天平，球磨机，粉末压片机，箱式电阻炉，成型模具，温度控制仪，准静态 d_{33} 测量仪，极化装置，阻抗分析仪等。

三、实验原理

自从 19 世纪 50 年代中期，由于钙钛矿的 PZT 陶瓷具有比 BaTiO$_3$ 更为优良的压电和介电性能，因而得到广泛的研究和应用。图 29-1 为 Pb(Zr$_x$Ti$_{1-x}$)O$_3$ 体系的低温相图，在居里温度以上时，立方结构的顺电相为稳定相。在居里温度以下，材料为铁电相，对于富 Ti 组分（$0 \leqslant x \leqslant 0.52$）为四方相；而低 Ti 组分（$0.52 \leqslant x \leqslant 0.94$）为三方相。两种晶相被一条 $x = 0.52$ 的相界线分开。在三方相区中有两种结构的三方相：高温三方相和低温三方相，这两种三方相的区别在于前者为简单三方晶胞，后者为复合三方晶胞。在靠近 PbZrO$_3$ 组分（$0.94 \leqslant x \leqslant 1$）的地方为反铁电区，反铁电相分别为低温斜方相和高温四方相。

如图 29-2 所示，对于四方相，自发极化方向沿着六个 <100> 方向中的一个方向进行，而三方相的自发极化方向沿着八个 <111> 方向中的一个方向进行。由于自发极化方向的不同，在不同的晶体结构中产生不同种类的电畴，在四方相中产生 180° 和 90° 电畴，三方相中产生 180°、109°、71° 电畴。

实验室制备 PZT 压电陶瓷的工艺路线为：

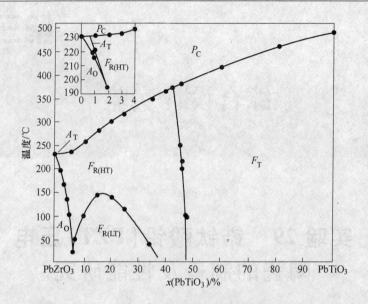

图 29-1　PZT 固溶体相图

配方设计→PZT 粉体混合研磨制备→预烧→成型→排塑→烧结→上电极→极化→性能测试

PZT 粉体制备。PZT 压电陶瓷的粉体制备方法一般包括：固相法和液相法。传统固相法具有产量高、工艺易于控制等优点；液相法包括溶胶-凝胶法、水热法以及沉淀法，沉淀法又包括分步沉淀法和共沉淀法。其中，溶胶-凝胶法和水热法研究较多。

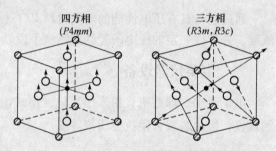

图 29-2　PZT 四方相和三方相的晶体结构

（1）预烧。混合后，压电坯料一般以粉末或颗粒的形式进行预烧，预烧的目的是：1）排出结合水、碳酸盐中的二氧化碳和可挥发物质；2）使组成中的氧化物产生热化学反应而形成所希望的固溶体；因为反应结果，又减少了最后烧成的体积收缩。理论上，预烧温度要选得高一些，使得能够发生完全反应；但太高的温度以后不容易研磨，且一些易挥发氧化物（如 Pb 的化合物）容易挥发造成比例失调。

（2）研磨。研磨可以使原先存在的不均匀性和煅烧产生的不均匀性得到改善。如果过粗，则陶瓷颗粒间会有大的空隙，同时降低烧结密度，如果太细，则它的胶体性质可能妨碍后来的成型。

（3）成型。成型方法主要有注浆成型、可塑成型、模压成型以及等静压成型法。

（4）排塑。成型后的制品要在一定的温度下进行排塑，排塑的目的就是在一定的温度下，除了使在成型过程中所加入的黏结剂全部挥发跑掉以外，还使坯件具有一定的机械强度。

（5）烧结。当前 PZT 陶瓷烧结主要采用的是传统固相烧结，它虽然操作简单，但由于烧结温度过高，存在着严重不足。首先，高温下 PbO 容易挥发损失，造成 PZT 材料的化学组分不能精确控制，影响了材料的使用性能，同时增加了对环境的污染；其次，由于锆离子的活动性差，对富锆 PZT 陶瓷烧结十分困难，需要非常高的温度，导致设备要求和能耗增加。为克服以上不足，各国学者进行了大量研究，积极寻找先进的烧结方法和合理的烧结工艺，如改进的固相烧结，添加烧结助剂实现液相烧结，反应烧结（反应烧结即在组分相发生反应的同时致密化，粉体合成和烧结一步完成），采用特殊装置和手段实现烧结（热压烧结是利用塑性流动、离子重排和扩散对材料进行致密化，微波烧结）。

（6）被银。烧结后的压电陶瓷要被银做电极以备后期测试用。被银一般在陶瓷片两面被上银浆，在合适的温度下加热烧出银浆中的有机物。

（7）极化。极化是压电陶瓷制备过程中最后一个环节，要使压电陶瓷具有压电效应，必须对样品进行极化处理，而极化过程中极化温度、极化时间和极化电场强度是极化的关键因素。

四、实验要求

（1）按照传统陶瓷工艺制备 PZT 压电陶瓷。

（2）测试所制备 PZT 陶瓷的结构与性能。

参 考 文 献

[1] 李标荣. 电子陶瓷工艺原理[M]. 武汉：华中理工大学出版社，1986.

实验 30　核壳结构晶粒的
铁电陶瓷制备及性能研究

一、实验目的

了解经过预烧后的粉料可以在后期制备陶瓷时改性的原理，该原理有利于提高样品性能的温度稳定性。

二、主要仪器设备

同一般陶瓷的制备工艺。

三、实验原理

粉料经较高温度预烧后初步形成了较大的晶粒，再掺杂可改性的微粉，均匀混合后压片形成坯体。烧结时改性的微粉会从晶粒表面渗入，形成薄的扩散层。烧结温度越高该层越厚。当达到一定的厚度以后，就形成了核壳结构的晶粒。

四、实验要求

预烧的温度比一般制备陶瓷的温度要高，以形成接近 $1\mu m$ 尺寸的晶粒为目的。改性掺杂物浓度不是很高，称重时以质量分数为单位，便于操作。

参 考 文 献

[1] 陈威. 温度稳定型钛酸锶钡基弛豫铁电陶瓷介电性能的研究[D]. 武汉：湖北大学，2013.
[2] 陈威，曹万强. 弛豫铁电体弥散相变的玻璃化特性研究[J]. 物理学报，2012，61(9).

实验 31　CTLA 微波介质陶瓷的制备及性能研究

一、实验目的

熟悉微波介质陶瓷制备工艺，了解微波介质陶瓷性能参数测试方法。

二、主要仪器设备

电子天平，球磨机，粉末压片机，箱式电阻炉，成型模具，网络分析仪，高低温交变试验箱。

三、实验原理

微波介质陶瓷（MWDC）是指在微波频段（300MHz ~ 300GHz）电路中能够完成一种或多种功能的介质材料。在电磁波谱中，微波由于其频率高，信息容量大，因而十分有利于在现代通信技术中应用，同时其传播方向性强，能量高，对金属反射能力强，有利于提高发射和跟踪目标的准确性。由于微波具有以上这些特点，因此介质谐振器、滤波器、稳频振荡器，还有微波介质天线、介质波导传输线等，这些采用微波介质材料制备的微波器件在移动通信、卫星电视广播等民用通信，以及雷达、卫星定位导航等国防军事系统具有广泛的应用前景。为了满足采用微波介质陶瓷制备的介质滤波器、谐振器等基站通信器件能在微波频段下正常工作的要求，主要控制以下三个方面的性能指标：介电常数 ε_r、品质因数与频率乘积（$Q \times f$）与谐振频率温度系数 τ_f。随着移动通信技术的快速发展，电子电路高集成化以及电子元器件小型化、片式多功能化成为发展趋势，这对微波介质材料的性能指标提出了更高的要求，应保证其具有较高的介电常数、低损耗（高品质因数 Q）以及良好的温度稳定性（τ_f 接近零）。

目前，一些材料具有较高的介电常数，损耗也比较小，然而谐振频率温度系数太大，其中的典型代表是具有氧八面体结构的钙钛矿体系。为了调节 τ_f，最简单的方法是寻找一种 τ_f 为负值且介电常数及品质因数较高的材料与其复合形成固溶体或者复合体系。其中，最突出的温度系数补偿型材料体系有 $CaTiO_3$-$NdAlO_3$（CTNA）：$\varepsilon_r = 45$，$Q \times f = 16000GHz$（2.7GHz）；$SrTiO_3$-$LaAlO_3$（STLA）：$\varepsilon_r = 39$，$Q \times f = 35000GHz$（2GHz）。同时，研究表明钙钛矿系 $(1 - x)CaTiO_3$-$xLaAlO_3$ 陶瓷也具有与之可比的微波介电性能，$CaTiO_3$ 具有正交钙钛矿结构，其 $\varepsilon_r = 170$，$Q \times f = 3500GHz$，$\tau_f = 800 \times 10^{-6}/℃$；而 $LaAlO_3$ 具有菱方钙钛矿结构，其 $\varepsilon_r = 23.4$，$Q \times f = 68000GHz$，$\tau_f = -44 \times 10^{-6}/℃$。通过调节 $LaAlO_3$ 的配比，可以获得介电常数在 30 ~ 50，$Q \times f$ 在 30000 ~ 50000GHz 范围内可调且频率温度系数近零的一系列性能良好的微波陶瓷材料。并且在中介材料体系中，真正形成商业化的介质谐振器材料也只有钙钛矿系 $MTiO_3$-$LnAlO_3$ 中的 $CaTiO_3$-$LaAlO_3$（CTLA）、$CaTiO_3$-$NdAlO_3$（CTNA）

几组配方，CTLA 介电常数较大，而且频率温度系数更易调节，因而具有广泛的应用前景。

本实验使用传统陶瓷工艺制备 CTLA 微波介质陶瓷，具体过程中利用两步法制备了一系列不同组分的$(1-x)CaTiO_3$-$xLaAlO_3$ 陶瓷，研究 $LaAlO_3$ 含量对陶瓷的物相及微波介电性能的影响。

四、实验要求

（1）配料称量：称量前，将原料放入 120℃ 干燥箱中恒温烘 2h，然后根据 CTLA 化学计量比算出各原料的用量，按照重、轻、较轻、较重的原则进行称量，并按顺序依次倒入球磨罐中。

（2）一次球磨：将称量后的原料倒入装有氧化锆球的球磨罐中，然后加入与原料质量比为 1∶1.5 的去离子水，将球磨罐放置在球磨机中固定，以 280rad/min 的转速滚动球磨 4h，其目的是减小粉末的粒度，让原料充分混合，以便在预烧过程中能反应充分。

（3）烘干：将球磨后的混合浆料转移到干净的不锈钢杯中，做好编号，置于 120℃ 烘箱中烘 12h。

（4）预烧：将烘干后的龟裂块体倒入研钵研细后，粉末装入氧化铝坩埚中轻轻压实，用牙签均匀扎孔，以确保粉体反应过程中气体的排出，然后用氧化铝板盖上，并放入电阻炉中按一定的升温曲线进行煅烧。预烧的目的是合成主晶相，预烧后粉体的活性大，易于参加固相反应，生成结构致密的陶瓷；同时，使粉体充分反应排出气体，避免了在晶粒生长过程有气体产生，从而减少气孔的产生，提高陶瓷的致密度。

（5）二次球磨：将预烧后的块体研碎成粉末，按照配比称量后倒入装有氧化锆球的球磨罐中，加入 70% 的去离子水，以 280rad/min 的转速球磨 8h。

（6）造粒压片：将二次球磨后烘干的块体研磨过 60 目（250μm）筛，往过筛后的粉料中加入 8% ~10%（质量分数）的 5%（质量分数）PVA 溶液，进行手工造粒，充分搅匀后过 40 目（380μm）筛，这样得到的球状颗粒具有较好的流动性。造粒后的粉料采用压片机干压成型，设定压力为 6MPa，保压 10s，制成厚约 7mm、直径 12mm 的圆柱体。

（7）排胶：将压制好的陶瓷生坯放入电阻炉中，以 1.5℃/min 缓慢升温至 600℃ 保温 1h 进行排胶，保持炉门微开，确保有机物完全排出，避免在烧结时有机物快速排出形成较大的气孔，降低陶瓷的致密度。

（8）烧结：将排胶后的生片平放在氧化铝承烧板上，放入烧结炉中，以 2℃/min 升温，在 1300~1450℃ 保温 4h，然后缓慢冷却至室温。烧结是晶粒不断生长最终形成致密体的一个过程，烧结效果对陶瓷的微观结构、机械特性及电学性能起决定性作用，因此要综合考虑升降温速率、保温时间、烧结温度等因素。

参 考 文 献

[1] 方丹华. $CaTiO_3$-$LaAlO_3$ 微波介质陶瓷的制备与介电性能研究[D]. 武汉：湖北大学，2014.

实验 32　磁控溅射法制备薄膜及性能研究

一、实验目的

了解磁控溅射设备的构造，熟悉磁控溅射沉积薄膜的基本原理。

二、主要仪器设备

磁控溅射仪。

三、实验原理

磁控溅射技术属于 PVD（物理气相沉积）技术的一种，是一种重要的薄膜材料制备方法，目前已经成为沉积耐磨、耐蚀、装饰、光学及其他各种功能薄膜的重要手段。

磁控溅射沉积薄膜原理。在阳极（除去靶材外的整个真空室）和阴极溅射靶材（需要沉积的材料）之间加上一定的电压，形成足够强度的静电场。然后再在真空室内通入较易离子化的惰性 Ar 气体，在静电场 E 的作用下产生气体离子化辉光放电。Ar 气电离并产生高能的 Ar^+ 离子和二次电子 e。高能的 Ar^+ 阳离子由于电场 E 的作用会加速飞向阴极，并以高能量轰击靶表面，使靶材表面发生溅射。被溅射出的靶原子（或分子）沉积在基片上形成薄膜。

由于磁场 B 的作用，一方面在阴极靶的周围，形成一个高密度的辉光等离子区，在该区域电离出大量的 Ar^+ 离子来轰击靶的表面，溅射出大量的靶材粒子向衬底表面沉积。理论上来说，磁控溅射由于磁场的作用，能将等离子体限制在靶的表面，在低气压下充分起辉，并且，它具有高的溅射率。非平衡磁控溅射技术是在磁控溅射的基础上，改变阴极磁场，使得通过磁控溅射的内、外两个磁极端面的磁通量不相等，磁力线在同一阴极靶面内不形成闭曲线，从而可将等离子体扩展到远离靶处，使基片浸没其中，在基片表面形成大量的离子轰击，直接干涉基片表面的成膜过程，从而改善了薄膜的性能，并且在高真空条件下，被溅射粒子与工作气体的碰撞可以忽略不计，被溅射的粒子直接从靶的表面飞向基片，其沉积在基片上的概率反比于其路径长度。根据磁控溅射靶的刻蚀现象与磁控溅射的关系对于实验设备及工艺需要进行不断的调整，本实验所用镀膜设备有磁控溅射源，磁控溅射阴极靶材为纯钛，溅射源在工作时属于非平衡磁控阴极 + 磁控源电源的最大工作功率。对于磁控溅射靶基距与薄膜厚度分布的关系，在一定范围内，随着靶基距的增大，薄膜厚度均匀性都有提高的趋势。靶基距的增大会使基片上各点沉积薄膜的相对厚度降低，而且也会使靶的刻蚀对膜厚均匀性的影响逐渐变小。同时，靶基距的增大还会使得被溅射原子与原子的碰撞概率增大，原子的散射运动使薄膜的沉积速率有下降的趋势。因此，靶基距是影响薄膜厚度的均匀性范围的重要因素。除此之外，溅射气压和退火温度都会对沉积的薄膜的结构和性能产生影响。

四、实验要求

（1）准备基片。先用蒸馏水简单漂洗，之后放到超声波振荡清洗槽中做进一步清洗。

（2）放置基片。开真空室前，必须确保真空室处于大气压状态。打开位于机器后方的放气阀，渐渐增加腔内气压，当放气声音消失时不要立刻打开真空室，须等放气彻底后再打开以免损坏机器。同时上盖的开启是受程控的，整个过程是在位于溅射仪前面的显示屏上操作的。真空室被打开后，将基片放入。此时须注意靶位的编号，以免发生错误。

（3）抽真空。一切就绪后关闭上盖，准备开始抽真空。具体的方法是：先打开机械泵抽气，当真空度达到一定低（约 0.1Pa）时，打开分子泵，继续抽真空，测量的时候两个真空计的示数会略有不同。

（4）进行溅射镀膜。当真空室气压降至 10^{-4}Pa 量级时，接通氩气，调节气体流量计使之稳定于 1Pa 时打开直流电源，调节电流和载空比，设定工艺参数如下：

溅射气压：0.98Pa　Ar；

溅射气流：20.2Pa；

输入电流：0.213A；

输入电压：157V。

（5）溅射结束，关闭电源，停止抽真空，放气，平衡气压，取出样品。

（6）测试所制备薄膜的结构及性能。

实验 33　脉冲激光沉积(PLD)法制备薄膜及性能研究

一、实验目的

了解 PLD 设备的构造，了解 PLD 沉积薄膜的基本原理，能使用 PLD 技术制备结构和性能较好的薄膜。

二、主要设备仪器

PLD 沉积系统。

三、实验原理

20 世纪 60 年代第一台红宝石激光器的问世，开启了激光与物质相互作用的全新领域。科学家们发现当用激光照射固体材料时，有电子、离子和中性原子从固体表面逃逸出来，这些跑出来的粒子在材料附近形成一个发光的等离子区，几千到一万摄氏度之间，随后有人想到，若能使这些粒子在衬底上凝结，就可得到薄膜，这就是最初激光镀膜的概念。最初有人尝试用激光制备光学薄膜，这种方法经分析类似于电子束打靶蒸发镀膜，没有体现出其优势来，因此这项技术一直不被人们重视。直到 1987 年，美国 Bell 实验室首次成功地利用短波长脉冲准分子激光制备了高质量的钇钡铜氧超导薄膜，这一创举使得脉冲激光沉积（Pulsed Laser Deposition，简称 PLD）技术受到国际上广大科研工作者的高度重视，从此 PLD 成为一种重要的制膜技术。

脉冲沉积系统样式比较多，但是结构差不多，一般由准分子脉冲激光器、光路系统（光阑扫描器、会聚透镜、激光窗等）；沉积系统（真空室、抽真空泵、充气系统、靶材、基片加热器）；辅助设备（测控装置、监控装置、电机冷却系统）等组成。

脉冲激光沉积技术的主体是物理过程，但有时也会引入活性气体含化学反应过程。其溅射过程使用的激光是多维脉冲激光，多是用来制备纳米薄膜。PLD 镀膜技术是将准分子脉冲激光器所产生的高功率脉冲激光束聚焦作用于靶材表面，使靶材表面产生高温熔蚀物，并进一步产生高温高压等离子体，这种等离子体能够产生定向局域膨胀发射并在衬底上沉积成膜。脉冲激光作为一种新颖的加热源，其特点之一就是能量在空间和时间上高度集中。从靶材经过激光束作用产生等离子体到粒子最后在基片表面凝结沉积成膜，整个 PLD 镀膜过程通常分为三个阶段：

（1）激光与靶材相互作用产生等离子体。脉冲激光烧蚀固体靶产生的等离子体过程非常复杂，而此过程对激光烧蚀沉积又非常关键。激光束聚焦在靶材表面，在足够高的能量密度下和短的脉冲时间内，靶材吸收激光能量并使光斑处的温度迅速升高至靶材的蒸发温度以上而产生高温及烧蚀，靶材汽化蒸发，有原子、分子、电子、离子和分子团簇及微米尺度的液滴、固体颗粒等从靶的表面逸出。这些被蒸发出来的物质反过来又继续和激光相互作用，其温度进一步提高，形成区域化的高温高密度的等离子体，等离子体通过逆韧致吸收机制吸收光能而被加热到 10^4 K 以上，形成一个具有致密核心的明亮的等离子体火焰。

（2）等离子体在空间的输运（包括激光作用时的等温膨胀和激光结束后的绝热膨胀）。等离子体火焰形成后，其与激光束继续作用，进一步电离，等离子体的温度和压力迅速升高，并在靶面法线方向形成较大的温度和压力梯度，使其沿该方向向外作等温（激光作用时）和绝热（激光终止后）膨胀，此时，电荷云非均匀分布形成相当强的加速电场。在这些极端条件下，高速膨胀过程发生在数十纳秒瞬间，迅速形成了一个沿法线方向向外的细长的等离子体羽辉。

（3）等离子体在基片上成核、长大形成薄膜。激光等离子体中的高能粒子轰击基片表面使其产生不同程度的辐射式损伤，其中之一就是原子溅射。入射粒子流和溅射原子之间形成了热化区，一旦粒子的凝聚速率大于溅射原子的飞溅速率，热化区就会消散，粒子在基片上生长出薄膜。这里薄膜的形成与晶核的形成和长大密切相关。而晶核的形成和长大取决于很多因素，诸如等离子体的密度、温度、离化度、凝聚态物质的成分、基片温度等。随着晶核超饱和度的增加，临界核开始缩小，直到高度接近原子的直径，此时薄膜的形态是二维的层状分布。

四、实验要求

PLD 沉积薄膜的流程为：

清洗衬底—安装靶材—放置衬底—抽真空—衬底加热—充氧—沉积薄膜—退火

关键步骤如下：

（1）分子泵抽真空：直到真空度小于 10^{-4} Pa 时，才达到沉积薄膜要求。真空度低时会引入杂质。

（2）对衬底加热，在抽真空过程中，应边抽边缓慢地增加衬底温度，直到衬底温度达到沉积膜时需要的温度，同时用红外测温仪对衬底温度进行实时监控。

（3）打开机械泵管阀充氧：让流入的氧与被机械泵抽出去的氧达到动态平衡。

（4）沉积薄膜：同时打开靶自转开关让靶自转，就可打开激光开始沉积薄膜。

（5）退火：待沉积薄膜时间到时，关闭激光器，设定退火温度和退火氧压。此时就开始缓慢退火，退火时间根据不同材料自行设定。退火完成后，缓慢地降低温度到室温，然后关闭氧气，关闭电源，完成镀膜过程。

（6）实验中应考虑影响薄膜质量的因素包括：衬底温度、靶基距、氧压比、退火温度、靶材密度和激光能量等，考虑这些因素后优化实验条件获得制备某种薄膜的最佳工艺参数。

第四部分

压电器件及应用

实验 34　压电振荡报警

一、实验目的

(1) 了解压电材料及其基本特性以及压电传感器的等效电路。
(2) 掌握面包板的结构及使用方法。
(3) 掌握面包板上电路安装与调试方法。
(4) 学会通过阅读芯片的使用说明掌握芯片的使用。
(5) 掌握芯片 LM358 的使用。
(6) 掌握 555 时基电路的结构和工作原理，学会对此芯片的正确使用。
(7) 学会分析和测试用 555 时基电路构成的多谐振荡器、单稳态触发器的典型电路。

二、主要内容

设计一个压电式传感振动报警装置：
(1) 要求具有 LED 指示报警。
(2) 具有定时警铃报警功能。
(3) 压电传感器振动幅度检测灵敏度可调。

三、基本要求

(1) 原理分析，画出设计电路图（实验前完成）。
(2) 按要求实现基本功能。
(3) 使用通用面包板或者通用焊接电路板完成实物制作。
(4) 认真完成设计报告。

四、实验材料清单

实验材料清单见表 34-1。

表 34-1　实验材料清单

类　型	标识符	数　量	类　型	标识符	数　量
0.01μF	C_5、C_3	2	IN4148	D_2	1
0.1μF	C_6	1	LED 红光发光二极管	D_1	1
1kΩ	R_3、R_2	2	LM358	U_1	1
1MΩ	R_4、R_1	2	S9013（NPN）	Q_1	1
5.1kΩ	R_{10}	1	SPEAKER（扬声器）	LS_1	1
10kΩ	R_7、R_8、R_9	3	压电陶瓷（已经封装）	Y_1	1
22kΩ 可调	R_5、R_{W1}	2	面包板		1
100μF	C_1、C_2、C_4	3	导　线		若干
LM556/NE556	U_2、U_3	2			

五、实验原理

压电式传感器是利用物质的压电效应制作的一种传感器，当材料表面受力作用变形时，其表面会有电荷产生从而实现非电量测量。因此可以用它来测量力和与力相关的参数，如压力、位移、加速度等。

敲击（振动）防盗报警装置的电路设计框图如图 34-1 所示，压电传感器因外界振动而产生形变，因为压电材料的特性，压电传感器表面产生电压信号，电压信号的强度与材料的形变相关，振动越强，形变越大，传感器输出电压信号越高。在理想情况下（无泄漏）电压信号会长期保存，实际中压电原件内阻较高，为了能去除静态压力，导致报警系统长时间的触发，在压电传感器两端串联一个适中的电阻，以便及时地中和传感器两端的电荷。

压电传感器输出内阻高，输出电流信号微弱。因此它的测量电路通常需要接入一个

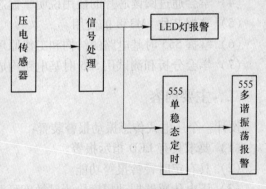

图 34-1　系统框图

高输入阻抗前置放大器。信号处理模块采用 LM358 放大芯片。放大器一端输入通过可调分压设定放大器的参考电压值。另一端输入接传感器输出端。

通过可调电阻可以调整参考电压的值，从而调整压电传感器振动幅度检测灵敏度。

NPN 三极管 S9013 组成一个共射放大器，构成 LED 报警模块，共射放大器起到电流放大的作用，驱动红光 LED 灯。

警铃报警模块由 555 单稳态定时模块和 555 多谐振荡模块组成，555 单稳态定时模块触发输出高电平，该电平作为多谐振荡模块的使能信号，确定警铃报警的时间。

555 多谐振荡模块产生警铃波形并驱动扬声器（关于 555 时基电路为数字电路的一个

基本实验，主要内容为使用 555 芯片构建单稳态触发器、多谐振荡器，电路设计参考数字电路教材）。

六、实验电路图

敲击（振动）防盗报警装置电路图如图 34-2 所示。

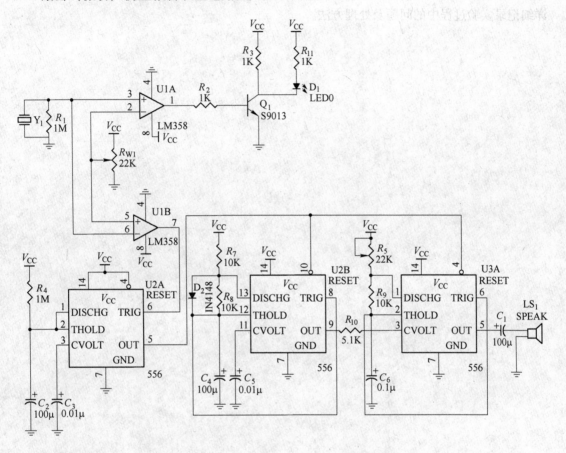

图 34-2　敲击（振动）防盗报警装置电路图

七、实验安装调试

整体要求：

（1）在通用面包板或者通用焊接面包板上完成上述电路的连接或焊接。能够观察在有震动信号时，LED 亮，同时可以听见警铃报警的声音。

（2）要求布线整齐、美观，便于级联与调试。

电路安装：

由于电路连线较多，应根据功能将模块分成信号检测处理模块、LED 报警模块、单稳态模块、多谐振荡模块四部分，边连接边检测。最后将 4 个模块连接起来。

在接通电源前先确保电路连线正确，电源电压已经调节到 5V。接通电源时先接地线，再接 5V 电源线。

八、实验报告

　　按照实验报告单认真写出设计性实验报告，实验记录应包含最后完整电路的拍照图片。用示波器观察压电传感器的输出波形，单稳态模块的输出波形，扬声器的驱动波形。详细记录实验过程中的问题及处理方法。

实验 35 高精度时钟信号源与秒计数显示（压电谐振特性）

一、实验目的

（1）了解压电材料及其基本特性。

（2）掌握压电晶体振荡器的等效电路以及晶体振荡电路的设计原理。

（3）学会通过阅读芯片使用说明掌握芯片的使用。

（4）掌握常用的芯片 74HC04、74LS90、74LS92、74LS93、74LS48、BS202 的使用。

（5）掌握数字电路系统的设计方法、装调技术。

二、主要内容

设计一个压电谐振信号发生及秒计数显示装置：

（1）设计 32.768kHz 压电石英晶体的驱动电路，使其产生 32.768kHz 的稳定频率输出。

（2）设计分频电路将振荡电路输出波形分频至 1Hz 的信号。

（3）实现时钟秒（60 进制）的计数与显示（数码管显示）。

三、基本要求

（1）原理分析，画出设计电路图（实验前完成）。

（2）按要求实现基本功能。

（3）使用通用面包板或者通用焊接电路板完成实物制作。

（4）认真完成设计报告。

四、实验材料清单

实验材料清单见表 35-1。

表 35-1 实验材料清单

类 型	标 识 符	封 袋	数量/类型
10pF	C_1		1
32.768kHz 石英晶振	Y_1		1
74LS48	U_2、U_3	DIP-16	2
74LS90	U_8	DIP-14	1
74LS92	U_1	DIP-14	1

类　　型	标 识 符	封　　袋	数量/类型
74LS93	U_4、U_5、U_6、U_7	DIP-14	4
100pF	C_2		1
4069	U_9	DIP-14	1
REDCC	DS_1、DS_2		2
面包板			1
导线			若干
1000pF 电容			1
20MΩ 电阻			1

五、实验原理

石英晶体之所以能够做振荡电路是基于它的压电效应。如果在极板间加交变电压，晶体就会产生机械形变振动，同时机械形变振动又会产生交变电场。一般来说，这种机械振动的振幅是比较小的，其振动频率很稳定。但是当外加交变电压的频率与晶体的固有频率相等时，机械振动的幅度将急剧增加，这种现象称为压电谐振。石英压电谐振特性是其压电效应的一个重要应用，其具有极高的品质因素和频率稳定度，有着广泛的应用。

（一）石英晶体振荡器的设计

实验电路中振荡器是数字钟的核心。振荡器的稳定度及频率的精确度决定了数字钟计时的准确程度，采用石英晶体振荡器是因具有很高的 Q 值，很好的频率稳定性。图 35-1 为石英晶体的等效电路图与电抗特性，通过对其某一模型的计算可以看到其具有很高的振荡精度。

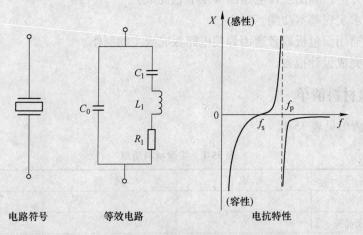

图 35-1　石英晶体的等效电路图与电抗特性

石英晶体的等效电路由静态电容 C_0、等效电感 L_1、等效电容 C_1、损耗电阻 R_1 组成。从石英晶体的等效电路可知，它有两个谐振频率，一个串联谐振频率 f_s，另一个是并联谐

振频率 f_p，在串联谐振频率和并联谐振频率之间晶体呈感性，为晶体的谐振频率区间。本设计石英晶体的等效模型参数为：$C_0 = 1.3\text{pF}$，$L_1 = 8\text{kH}$，$C_1 = 2.95\text{fF}$，$R_1 = 30\text{k}\Omega$，计算得：

$$f_s = \frac{1}{2\pi \sqrt{L_1 C_1}} \approx 32761\,\text{Hz} \tag{35-1}$$

$$f_p = \frac{1}{2\pi \sqrt{L_1 \dfrac{C_0 C_1}{C_0 + C_1}}} \approx 32798\,\text{Hz} \tag{35-2}$$

该模型的振荡带宽为 37Hz，可以看到其具有很高的振荡精度。

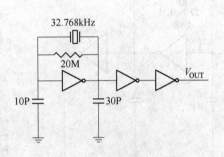

图 35-2 为典型的 pierce 振荡电路，该电路设计简单，功耗低。常用来构成晶体振荡器。电子手表集成电路中的晶体振荡器电路，常取晶振的频率为 32.768kHz（如 5C702）。设计采用图 35-2 所示电路产生 32.768kHz 的频率输出。

图 35-2　pierce 振荡电路

（二）分频器的设计

分频器的功能主要有两个：一是产生标准秒脉冲信号；二是提供功能扩展电路所需要的信号，如仿电台报时用的 1kHz 的高音频信号和 500kHz 的低频信号等。分频功能完成将 32.768kHz 的信号分频至 1Hz 的秒信号，因为 $2^{15} = 32768$，将振荡电路产生的信号经过 15 级的二分频后就可以得到 1Hz 的秒方波信号。选用 4 片集成电路计数器 74LS93 可以完成上述功能，设计电路如图 35-3 所示。

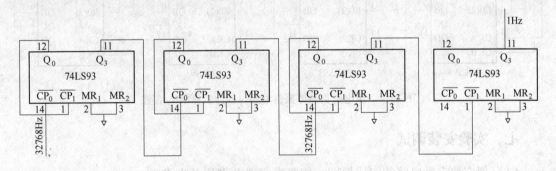

图 35-3　分频电路

（三）时分秒计数器的设计显示

分秒计数器都是模 $M = 60$ 的计数器，其计数规律为 00—01—02—…—59—00…。选 74LS92 作为十位计数器，74LS90 作为个位计数器，再将它们级联组成模数为 $M = 60$ 的计数器。

六、实验电路图

压电石英晶体振荡电路与秒计数显示电路图如图35-4所示。

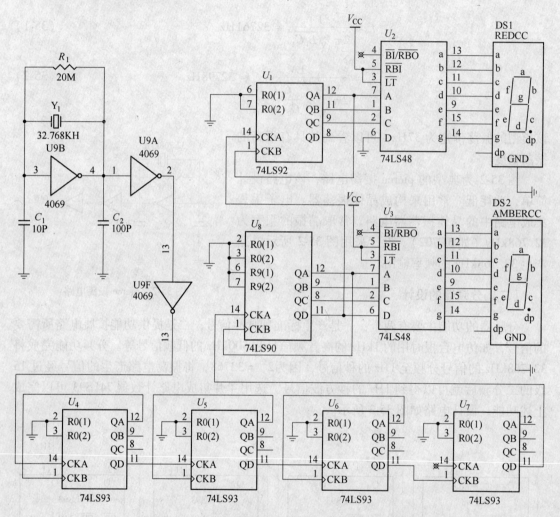

图 35-4　压电石英晶体振荡电路与秒计数显示电路图

七、实验安装调试

（1）拟定数字钟电路的组成框图，按要求实现电路基本功能。

（2）设计并安装各单元电路，要求布线整齐、美观，便于级联与调试。

（3）级联时如果出现时序配合不同步，或者尖峰脉冲干扰，引起逻辑混乱，可以增加多级门电路，通过延时来消除逻辑混乱。

（4）晶振振荡电路的负载电容需要与晶振匹配。

（5）面包板上的寄生电容、电感以及计数器的脉冲对振荡电路可能会有干扰。可以加电容滤波来使频率稳定。

（6）画出数字钟系统的整体逻辑电路图。

（7）写出设计实验报告，按照实验报告单认真写出设计性实验报告，实验记录应包含最后完整电路的拍照图片。用示波器观察振荡器输出波形，并用频率计测量振荡器的输出频率。

实验思考

（1）说设计的电路中标准秒脉冲信号是怎么产生的，频率稳定度为多少？

（2）调试过程中，是否出现过"竞争冒险"现象？如何采取措施消除？

（3）数字钟的应用、扩展还有哪些方面？举例说明，并设计电路。

实验 36　压电超声波遥控开关

一、实验目的

（1）掌握超声波传感器（发射器件、接收器件）的性能及工作原理。
（2）掌握发射电路与接收电路的原理。
（3）掌握发射电路与接收电路的设计、安装与调试方法。

二、主要内容

设计超声波遥控开关装置：
（1）包含超声发射电路。
（2）包含超声接收电路。
（3）包含超声波遥控电路、控制继电器、灯泡的照明遥控控制。

三、基本要求

（1）原理分析，画出设计电路图（实验前完成）。
（2）按要求实现基本功能。
（3）使用通用面包板或者通用焊接电路板完成实物制作。
（4）认真完成设计报告。

四、实验材料清单

发射电路与接收电路的实验材料清单见表 36-1 和表 36-2。

表 36-1　发射电路

类　型	标 识 符	数　量	类　型	标 识 符	数　量
$1k\Omega$	R_1、R_3、R_5	3	CS9013	Q_1、Q_2、Q_3	3
$51k\Omega$	R_2、R_4	2	轻触立式开关	S_1	1
100Ω	R_6	1	超声发生器 40K	NU40C16TR-1	1
$390pF$	C_1、C_2	2	5V 电源	BT_1	1

表 36-2　接收电路

类　型	标 识 符	数　量	类　型	标 识 符	数　量
100Ω	R_{11}	1	$0.1\mu F$	C_1、C_2、C_3、C_5	4
$1.5k\Omega$	R_4	1	$1\mu F$	C_4	1
$2k\Omega$	R_1、R_6	2	IN4148	D_1、D_2	2

续表 36-2

类 型	标识符	数量	类 型	标识符	数量
5.1kΩ	R_9	1	CS9013	Q_1、Q_2、Q_3	3
10kΩ	R_{10}	1	74LS04	U_1	1
18kΩ	R_2	1	CD4027	CD4027	1
36kΩ	R_8	1	25W 灯泡	DS_1	1
51kΩ	R_5、R_7	2	5V 1 路继电器模块	S_1	1
470kΩ	R_3	1	面包板		1

五、实验原理

压电陶瓷超声波换能器（超声波传感器）体积小、灵敏度高、性能可靠、价格低廉，是遥控、遥测、报警灯电子装置最理想的电子器件。如超声波测距是通过不断检测超声波发射后遇到障碍物所反射的回波，通过测量出发射和接收回波的时间差，然后计算出距离。再如本实验通过超声换能器产生和接收超声波，从而远距离控制开关。这种遥控开关电路简单，易于制作。

图 36-1 为超声发射电路。电路采用分立器件构成，Q_1 和 Q_2 以及 $R_1 \sim R_4$、C_1、C_2 构成自激多谐振荡器，回路时间常数由 R_4、C_1 和 R_2、C_2 确定，多谐振荡电路振荡频率约为 40kHz。超声发射器件 B（NU40C16TR-1）由 Q_3 驱动。因此，本电路按下开关 S_1 后，电路起振，超声发射器件就可以发出超声波信号。

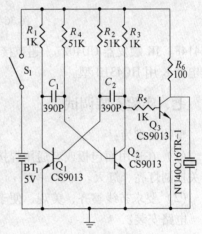

图 36-2 为接收电路。当超声发射电路距离较远时，接受超声器件产生的电压信号较小，电路采用两级放大电路将小信号放大，可获得较高接收灵敏度。电阻 R_5、R_8 确定 Q_1 的直流工作点，电阻 R_6 为直流负反馈电阻，稳定直流工作点。超声接收器件 Y_1 将接收到的超声波转换为相应的电信号，经 Q_1 和

图 36-1 超声遥控开关发射电路

Q_2 两极放大后，再经 D_1 和 D_2 进行半波整流变为直流信号，由 C_5 积分后作用于 Q_3，使 Q_3 由截止变为导通，其集电极输出负脉冲。电阻 R_7、R_{10} 以及 74HC04 芯片构成施密特触发器，可以有效地消除干扰信号，并触发 JK 触发器 CD4027，使其翻转。JK 触发器 Q 端的电平直接驱动继电器 K，使 K 吸合或释放。由继电器 K 的触点控制电路的开关。

六、实验电路

发射电路中，Q_1 和 Q_2 用 CS9013 或 CS9014 等小功率晶体管，$\beta \geqslant 100$。超声发射器件用 NU40C16TR-1，电源 BT_1 采用 5V 电源。

接收电路中，$Q_1 \sim Q_3$ 可选用 CS9013 或 CS9014 等小功率晶体管。$\beta \geqslant 100$。D_1 和 D_2 用

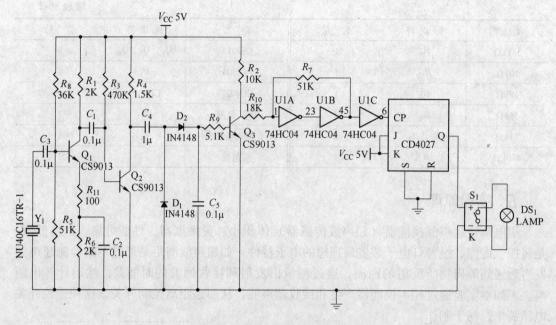

图 36-2　超声遥控开关接收电路

IN4148。JK 触发器 CD4027。超声接收器件用 NU40C16TR-1（接受发射同体）配对使用。继电器 K 用 HG4310 型。

七、实验安装调试

整体要求为：

（1）在通用面包板或者通用焊接面包板上完成上述电路的连接或焊接。能够观察遥控开关控制灯亮、灯灭。

（2）要求布线整齐、美观、便于级联与调试。

电路安装：

由于电路连线较多，电路有两个分离的模块，应根据功能模块边连接边检测。在接通电源前先确保电路连线正确，电源电压已经调节到 5V。接通电源时先接地线，再接 5V 电源线，电源也可以直接使用电池供电。

八、实验报告

按照实验报告单认真写出设计性实验报告，实验记录应包含最后完整电路的拍照图片。用示波器观察超声发射的输出波形。详细记录实验过程中的问题及处理方法，在记录装配过程时，谈谈对装配过程的感想、体会和收获。

实验 37　红外避障传感

一、实验目的

（1）了解红外探测器（光敏晶体管）、红外发生器（发光二极管）的结构特点及使用方法。

（2）了解光电式传感器的设计方法。

（3）掌握红外避障传感模块原理。

（4）学会通过阅读芯片使用说明掌握芯片 LM393 的使用方法。

二、主要内容

设计一个光电式避障传感装置：

（1）要求能够通过红外传感器检测前方障碍物。

（2）模块检测到障碍物后，红色指示灯亮，并输出低电平信号用作后续电路控制信号。

三、基本要求

（1）原理分析，画出设计电路图（实验前完成）。

（2）按要求实现基本功能。

（3）使用通用面包板或者通用焊接电路板完成实物制作。

（4）认真完成设计报告。

四、实验材料清单

实验材料清单见表 37-1。

表 37-1　实验材料清单

类　型	标 识 符	数　量	类　型	标 识 符	数　量
1kΩ	R_1、R_2	2	ϕ5mm 红外对管	D_2、D_3	1 对
10kΩ	R_4、R_5、R_6	3	红光 LED	D_4	1
100Ω	R_3	1	LM393	U_1	1
瓷片 104	C_1、C_2	2	面包板		1
绿光 LED	D_1	1	导　电		若干

五、实验原理

该传感器模块具有一对红外线发射与接收管，发射管发射出一定频率的红外线，当检测方向遇到障碍物（反射面）时，红外线反射回来被接收管接收，经过比较器电路处理之后，绿色指示灯会亮起，同时信号输出接口输出数字信号（一个低电平信号），可通过电位器旋钮调节检测距离，有效距离范围2~30cm，工作电压为3.3~5V。该传感器的探测距离可以通过电位器调节，具有干扰小、便于装配、使用方便等特点，可以广泛应用于机器人避障、避障小车、流水线计数及黑白线循迹等众多场合。

六、实验电路图

红外避障传感器电路图如图37-1所示。

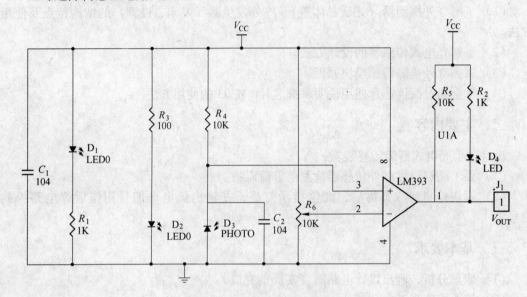

图37-1　红外避障传感器电路图

七、实验安装调试

整体要求为：

（1）在通用面包板或者通用焊接面包板上完成上述电路的连接或焊接。能够观察到在红外探测器前方有障碍物时指示灯亮，电路输出低电平。

（2）要求布线整齐、美观，便于级联与调试。

八、实验报告

按照实验报告单认真写出设计性实验报告，实验记录应包含最后完整电路的拍照图片。用不同大小、不同颜色的障碍物测试电路，记录现象（测量的范围，对不同大小、颜色的障碍物测量范围的差别）。详细记录实验过程中的问题及处理方法。

实验 38　压电发电能量的环境振动的能量的收集与储存

一、实验目的

（1）了解压电材料及其基本特性。

（2）了解压电发电的研究现状、发展趋势及研究方向，了解其目前的应用情况。

（3）学会通过阅读芯片使用说明掌握芯片 LT3588 的使用。

（4）掌握 LTspice Ⅳ 的使用方法。

（5）通过 LTspice Ⅳ 仿真设计电路，理解设计方案。

二、主要内容

（1）判断压电陶瓷片好坏。

（2）如何实现压电片的串联与并联。

（3）完成压电发电能量的环境振动的能量的收集与储存电路的设计（方案 2），得到 1.8V 恒定电压的输出。

三、基本要求

（1）原理分析，画出设计电路图（实验前完成）。

（2）使用通用面包板或者通用焊接电路板完成实物制作。

（3）电路能实现能量收集并输出 1.8V 恒定电压。

（4）认真完成设计报告。

四、实验材料清单

实验材料清单见表 38-1。

表 38-1　实验材料清单

类　型	数　量	类　型	数　量
压电发电陶瓷片	2	10μH 电感	1
LTC3588-1	1	22μH 电感	1
1μF 电容	1	面包板	1
4.7μF 电容	2	导　线	若干
47μF 电容	2		

五、实验原理

新型环境能量采集技术是将自然界广泛存在的各种环境能量，包括太阳能、风能、热能、振动能、海洋能，以及其他能量如人体运动能、生化能等，利用各种新型换能材料将其转化为电能并存储和利用的一种技术。压电式振荡环境能量的采集与应用是其中的一个方向。

（一）振动源

振动作为生活和工程实际中广泛存在的一种能量形式，其存在形式具有多样性，很多人较难直接进入的地方或场合都存在着振动源。合理、高效地采集这些振动源的能量，为电子设备的自给提供了可能性。可用于发电的环境振动源见表 38-2。

表 38-2　可用于发电的环境振动源

人　体	交通工具	结　构	工　业	自然环境
呼吸、血压、行走、手臂运动、跑步、说话、吃等	飞机、汽车、火车、减震器、踏板、涡轮机、车轨等	桥梁、道路、隧道、管道等	电动机、压缩机、冷却器、泵、切割机等	风、海洋流、声波等

（二）振动能量采集方法

振动能量的采集经典方法主要有：静电式、电磁式、压电式。静电式利用可变电容及谐振系统，当可变电容器极板感应环境振动时，电容容值发生改变，使电容器上的电荷重新分布，并在回路中形成电流，从而将环境中的机械振动能量转换为电能。电磁式振动能量收集的基本工作原理是：当线圈与磁铁芯之间发生相对运动时，通过线圈中的磁通量发生变化，使线圈中产生感应电流，将机械能转化为电能。压电式振动能量收集利用压电材料的压电效应，当压电元器件在外界振动源激励下振动并产生形变时，压电原件表面随之积累电荷，在压电源器件两电极之间形成电势差，实现机械能与电能的转化。

压电式振动能量采集结构的主要部件为压电元件，其价格低廉、安装简单、输出电压水平较高且机电能量转换效率较高。一般压电式振动能量采集结构需要与外界振动激励处于共振状态时，才能获得较高的能量输出。压电式振动能量采集结构中，需要采集电路对压电元件输出电压进行调整。如果能量采集电路中开关控制电路的性能损耗较大，将极大地影响能量采集效率。

（三）振动能量收集常用的压电材料及其压电性

实验选用的是 PZT 型的压电陶瓷材料。关于压电性能以及压电材料大家可以查阅电子材料导论课程的教材。常用的压电材料可以查阅相关书籍和文章（该任务作为实验前的调查报告内容）。

（四）压电式振动能量采集电路设计

1. 压电式采集结构的等效模型

在工程上常采用等效电路法，将能量转换结构用等效电路来表示，这样可以将机电耦合的复杂关系转化为单一的电路问题来讨论。通过一些较合理的假设和简化，在低频时，通常将压电换能部分等效为一个正弦电流源 $i_p(t)$ 与静态电容 C_p 并联组成，则压电式能量采集结构可以等效为图 38-1。

电流源可以表示为 $i_p(t) = I_p\sin\omega t$，其中，I_p、ω 分别为电流源的幅值与角频率。在实际应用中 I_p 是随外界振动激励幅值的变化而改变的，它一般不受能量采集电路的影响。

简单的能量采集电路由桥式整流和滤波电路组成，桥式整流的作用是将电压换能元件输出的交流电压转换成直流电压，滤波电容必须足够大以起到储能和稳压的作用。电路图如图 38-2 所示。

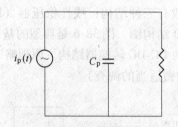 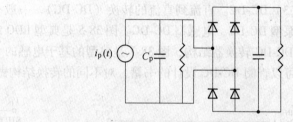

图 38-1　压电式能量转换结构简化电学模型　　　图 38-2　简单压电能量采集电路

2. 压电式振动能量采集电路设计

（1）系统构架。从等效电路看，压电换能元件输出的电压是交变的，其大小取决于外界振动激励水平、能量采集的集合尺寸、压电元件的特性等。而电子设备所需的电源电压通常是稳定的直流电压，常用的为 1.8V、3.3V、5V 等，因此必须设计一个功率调理电路，将压电换能元件输出的电压转换成适合电子设备使用的电压形式。而且为了给电子设备持续、稳定地供电，还需要储能元件，常用的储能元件包括电容和电池。在设计能量采集电路时，要尽量减少电路本身的功耗，以提高负载上的输出功率。压电式振动能量采集电路的系统基本构架如图 38-3 所示。

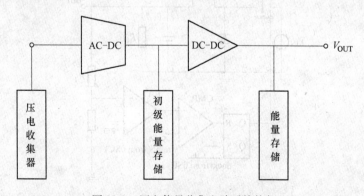

图 38-3　压电能量收集电路系统构架

（2）AC-DC。开关 AC-DC 转换器，顾名思义，就是通过整流器向电容器输送电荷，将交流信号转换成直流信号。基本全桥整流电路如图 38-4 所示。

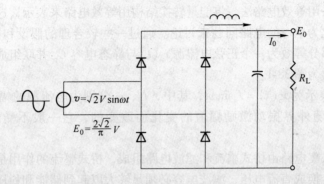

图 38-4　AC-DC 的全桥整流电路

（3）DC-DC。直流到直流的转换（DC-DC），一般有三种结构：线性稳压器（LDO）、电荷泵型 DC-DC、电感型 DC-DC。图 38-5 是典型 LDO 结构图，图 38-6 是典型的基于电荷泵的 DC-DC 转换器结构，图 38-7 是典型的基于电感的 DC-DC 转换器结构。原理略（实验准备可以查阅 DC-DC 设计的书籍，对不同的转换结构做适当的调查）。

图 38-5　LDO 型 DC-DC　　　　　　　　图 38-6　电荷泵型 DC-DC

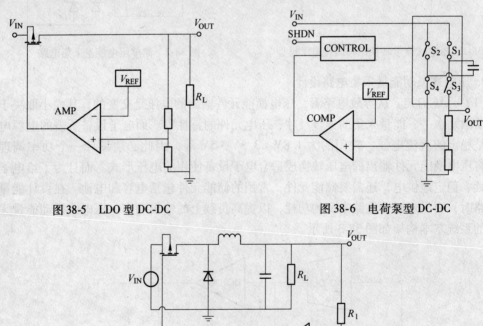

图 38-7　电感型 DC-DC

三种类型的 DC-DC 转换器有着各自的特点。如线性稳压器最吸引人的特点是低噪声、响应快，缺点是只能完成降压转换，效率主要取决于输出的电压。电荷泵型 DC-DC 可以实现升降压功能，结构比电感型简单，设计、使用成本较低，但效率偏低。电感型 DC-DC 可以方便地实现升压、降压的转换，且效率高，但其使用成本较高，电磁干扰较强。在设计振动能量采集电路系统中的 DC-DC 转换电路时，需根据应用环境、负载情况等来进行合理的选择。

（4）设计方案一。设计方案一采用全桥整流实现 AC-DC 的转换，采用电容实现初级以及输出级能量的存储。采用微功耗的线性稳压器可以实现 1.3～16V 的任意恒定电压输出。其他元器件的作用是为了更好完成能量的收集，当压电晶体的输出电压较低时，电路处于睡眠状态，更有利于初级能量存储。具体的工作原理是，来自压电换能器的全波交流源经全桥整流完成 AC-DC 的转换，并将能量存储在电容 C_1 中。当 C_1 的电压超过稳压管（D_1）的稳压值，电路进入工作状态，Q_1（开关 PNP 管）被转换到导通状态，使电阻 R_2 两端电压升高，达到 M_1（NMOS 开关管）的阈值电压，触发 M_1 导通，使 C_1 放电并通过整个电路，输出通过线性稳压芯片（MAX666）实现稳压输出。当压电换能片输出电压较低时，不足以使输出达到额定值时（稳压管未导通），Q_1、M_1 处于关断状态，由于 M_1 的关断使芯片与 GND 之间处于高阻状态（或者说断开状态），这时芯片处于睡眠状态，使电路消耗处于最低状态，以便初级能量存储器 C_1 能够更好地集聚能量。设计方案如图 38-8 所示。

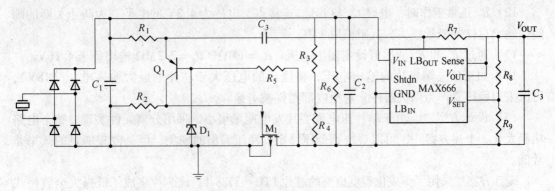

图 38-8　压电发电与存储设计方案一

设计计算（以输出为恒定 4.2V 为例）：

1）压电陶瓷片的输出电流范围（0～8mA），设计希望输出电流尽可能地用于输出，可以取芯片开始工作时，流过 PNP 晶体管 Q_1 的电流约为 0.4mA（更小的电流，需要更大的电阻 R_1、R_2，这时由于稳压管的漏电流，可能使 R_2 上的电压大于 NMOS 管的开启电压）。

2）设计当芯片输入电压大于 5V 时电路开始工作。设 $V_{beQ1} \approx 0.6V$，可选稳压管的稳压值约为 4.4V，取稳压管的型号为 IN4687，其稳压值为 4.3V，当输入电压为 2V 时，其反向电流最大为 4μA。具体参数可以查阅该期间的说明，所以初级能量存储器 C_1 约为 5V 时电路开始工作。

3）电路开始工作时，电压为 5V，电流为 0.4mA，忽略 V_{CEQ1}，可以得到 R_1 + R_2 = 12.5kΩ。

4）根据电路工作时流过 NMOS 管的电流值的大小，以及希望较小的导通电阻和较小的开启电压，我们选择 2N7002NMOS 管，其导通电压为 1～2.5V。

5) 设计必须保证当电路工作时，输入电压下降到4.2V前，电路保持工作。设$V_{CEQ1}=$ 0.2V。所以有 $[R_2/(R_1+R_2)] \times (4.2-0.2) \geq 2.5$，可以得到 $R_2/R_1 \geq 5/3$。这里取 $R_2=9k\Omega$，$R_1=3.5k\Omega$，导通时电流 $I_C > 2.5V/9k\Omega = 0.277mA$。

6) 三极管这里作为开关管，而稳压管有一定的反向漏电流。当稳压管反向截止时，NMOS 必须关断。所以必须满足 $R_2 \times I_C \leq 1V$，即 $I_C \leq 0.11mA$，因此我们选择 PNP 管为 2SA781kΩ。

7) C_1 作为存储能量以及滤波的作用，取 1mF 或者 330μF 的电容。

8) R_3 与 R_4 构成4.2V的电压检测电路，当输入电压低于4.2V时，LB_{OUT} 输出低电平使芯片关断。所以有 $[R_4/(R_3+R_4)] \times 4.2 = 1.3V$，取 $R_4 = 1M\Omega$、$R_3 = 2.25M\Omega$。

9) 电阻 R_5 的主要作用是保证当 C_1 电压大于5V后，电路开始工作，R_5 为三极管提供基极电流。同时当芯片关断时，使芯片 Shtdn 和 GND 处于高电平状态。$R_3 < (4.2 - 0.4mA \times R_1 - V_{be})/(0.4mA/\beta)$，取 $R_5 = 50k\Omega$。

10) R_6 和 C_2 为滤波器件，取 $C_1 = 47\mu F$、$R_6 = 5M\Omega$。

11) C_3 隔直通交，当 BL_{OUT} 为低时，使芯片关断。$R_1 C_3$ 的延时时间应该大于使电路关断的时间。这里取 $C_3 = 47\mu F$。

12) R_7 正常工作时，电容 C_3 与 LB_{OUT} 连接点，电压为4.2V的电平。为防止关断的瞬间，输出存储的能量损失，其阻值取 1MΩ。

13) 通过 R_8 和 R_9 的比值设定输出电压。$R_9 = 1M\Omega$，$R_8 = 2.2M\Omega$ 输出等于4.16V。

14) 如果压电陶瓷片的输出电压，整流后的电压大于芯片的最大输入电压（18V），可以采用稳压管作为保护器件，避免内部器件被击穿。

（5）设计方案二。由于单片压电陶瓷片发电能量很小，采用分离元件实现，整个电路功耗太大，上述方案一，可以观察到低压锁定、稳压输出的现象，但是收集能量的效率非常低。

设计方案二采用了集成化程度更高的芯片 LTC® 3588-1，该芯片集成了低损失全波桥式整流器，宽输入欠压闭锁（UVLO）电路，这两点方案采用分离元器件实现。LTC® 3588-1 芯片为压电换能、太阳能转换、磁电换能提供优化解决方案，具有极低的静态功耗（950nA）和睡眠状态功耗（450nA）。这是分离元器件难以实现的，也是能量收集系统设计至关重要的。

LTC® 3588-1 集成了一个低损失全波桥式整流器和一个高效率降压型转换器，以造就一款专为高输出阻抗能源（如压电换能器）而优化的完整能量收集解决方案。可以直接连接压电电源或者 AC 电源，具有一个宽迟滞窗口的超低静态电流欠压闭锁（UVLO）模式，允许电荷在一个输入电容器上积聚，直到降压型转换器能够有效地将一部分存储电荷转移至输出为止。当处于调节模式时，LTC® 3588-1 将进入一种睡眠状态，在该状态中，输入和输出静态电流都非常小。降压型转换器根据需要接通和关断，以保持调节作用。

LTC® 3588-1 可通过引脚来选择4种输出电压（1.8V、2.5V、3.3V 和 3.6V），连续输出电流高达 100mA；然而，可以选择合适大小的输出电容器来提供一个较高的输出电流脉冲。对于某个给定的输入电容值，一个设定在 20V 的输入保护性分路器实现了较高的能量存储。

LTC® 3588-1 的主要应用领域包括：压电式能量收集、机电式能量收集、工业传感器的电池更换、独立型毫微功率降压型稳压器。

LTC® 3588-1 主要为压电式能量收集应用设计，其集成化程度高，外围电路设计简单，图 38-9 为典型的压电能量收集解决方案图。

根据应用信息，V_{IN} 与 CAP 管脚接 $1\mu F$ 电容，V_{IN2} 与 GND 直接 $4.7\mu F$ 的电容保持内部 BUCK 开关管的驱动电压。BUCK 电路所需的电感取推荐值 $10\mu H$，初级和输出级能量存储电容可取 $1000\mu F$ 电容。仿真实例如图 38-10 所示。

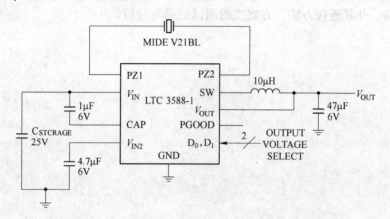

图 38-9 LTC® 3588-1 芯片压电能量收集解决方案图

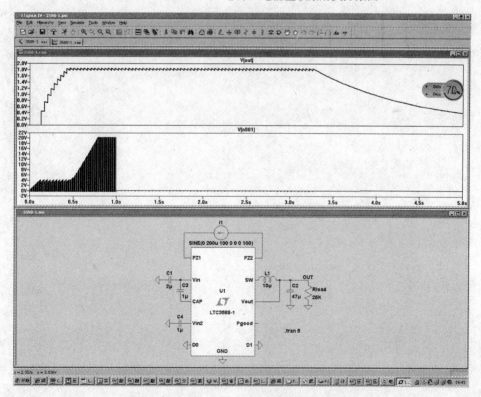

图 38-10 LTspice Ⅳ 中 LTC® 3588-1 仿真实例

六、实验安装调试

（1）通过万用表或者示波器检测压电陶瓷片的好坏。

（2）在面包板上焊接方案二的电路，并通过晃动压电陶瓷片，观察芯片 V_{IN}、V_{OUT} 端的电压变化情况。

（3）写出设计实验报告，按照实验报告单认真写出设计性实验报告，实验记录应包含有最后完整电路的拍照图片。包含有自己仿真验证的图片，压电陶瓷片好坏判断方法，压电陶瓷片串联、并联连接方法，方案二的测试记录与分析。

实验 39　人体红外报警

一、实验目的

（1）了解热释电红外传感器的结构、特点、使用方法及原理。

（2）掌握人体红外传感器报警模块的原理。

（3）学会通过阅读芯片使用说明掌握芯片 BISS0001 的使用方法。

二、主要内容

设计人体红外传感器报警装置：

（1）要求能够通过热释电传感器检测人或动物发射的红外线而输出电信号的传感器。

（2）模块检测到信号后，红色指示灯亮，并输出时延信号用作后续电路控制信号。

三、基本要求

（1）原理分析，画出设计电路图（实验前完成）。

（2）按要求实现基本功能。

（3）使用通用面包板或者通用焊接电路板完成实物制作。

（4）认真完成设计报告。

四、实验材料清单

实验材料清单见表 39-1。

表 39-1　实验材料清单

类　型	标识符	数　量	类　型	标识符	数　量
0.01μF	C_1、C_2、C_6、C_7、C_8	5	47μF	C_{11}、C_3	2
0.1μF	C_5、C_{10}	2	6.8kΩ	R_{11}	1
0.005μF	C_9	1	470kΩ	R_{12}	1
1kΩ	R_{17}	1	BISS0001 芯片	J_1	1
1MΩ	R_1、R_2、R_3、R_4、R_9	5	LHI778 热释电传感器	J_2	1
1MΩ（可调）	R_{14}、R_{15}	2	圆孔插针针座	J_3	1
2kΩ	R_{10}	1	绿光 LED	D_1	1
10kΩ	R_5、R_{16}	2	MG5528CDS 光敏电阻	CDS	1
18kΩ	R_6、R_7、R_{13}	3	面包板		1
22μF	C_4、C_{12}	2	导　线		若干
47kΩ	R_8	1			

五、实验原理

热释电效应同压电效应类似，是指由温度的变化而引起晶体表面荷电的现象。热释电传感器是对温度敏感的传感器。它由陶瓷氧化物或压电晶体元件组成，在元件两个表面做成电极，在传感器监测范围内温度有 ΔT 的变化时，热释电效应会在两个电极上产生电荷 ΔQ，即在两电极之间产生一微弱的电压 ΔV。由于它的输出阻抗极高，在传感器中有一个场效应管进行阻抗变换。热释电效应所产生的电荷 ΔQ 会被空气中的离子所结合而消失，即当环境温度稳定不变时，$\Delta T = 0$，则传感器无输出。当人体进入检测区时，因人体温度与环境温度有差别，产生 ΔT，则有 ΔT 输出；若人体进入检测区后不动，则温度没有变化，传感器也没有输出了。所以这种传感器用来检测人体或者动物的活动传感。由实验证明，传感器不加光学透镜（也称菲涅尔透镜），其检测距离小于 2m，而加上光学透镜后，其检测距离可大于 7m。

热释电红外传感器是一种能检测人或动物发射的红外线而输出电信号的传感器。早在1938 年，有人提出过利用热释电效应探测红外辐射，但并未受到重视，直到 20 世纪 60 年代，随着激光、红外技术的迅速发展，才又推动了对热释电效应的研究和对热释电晶体的应用。热释电晶体已广泛用于红外光谱仪、红外遥感以及热辐射探测器，它可以作为红外激光的一种较理想的探测器。它正在被广泛地应用到各种自动化控制装置中。除了在我们熟知的楼道自动开关、防盗报警上得到应用外，在更多的领域应用前景看好。比如：在房间无人时会自动停机的空调机、饮水机，电视机能判断无人观看或观众已经睡觉后自动关机的机构，开启监视器或自动门铃上的应用，结合摄影机或数码照相机自动记录动物或人的活动等。您可以根据自己的奇思妙想，结合其他电路开发出更加优秀的新产品或自动化控制装置。

该传感器模块具有一对红外线发射与接收管，发射管发射出一定频率的红外线，当检测方向遇到障碍物（反射面）时，红外线反射回来被接收管接收，经过比较器电路处理之后，绿色指示灯会亮起，同时信号输出接口输出数字信号（一个低电平信号），可通过电位器旋钮调节检测距离，有效距离范围 2 ~ 30cm，工作电压为 3.3 ~ 5V。该传感器的探测距离可以通过电位器调节，具有干扰小、便于装配、使用方便等特点，可以广泛应用于机器人避障、避障小车、流水线计数及黑白线循迹等众多场合。

六、实验电路图

红外避障传感器电路图如图 39-1 所示。

七、实验安装调试

整体要求：

（1）在通用面包板或者通用焊接面包板上完成上述电路的连接或焊接。能够观察到在红外探测器前方有障碍物时指示灯亮，电路输出低电平。

（2）要求布线整齐、美观，便于级联与调试。

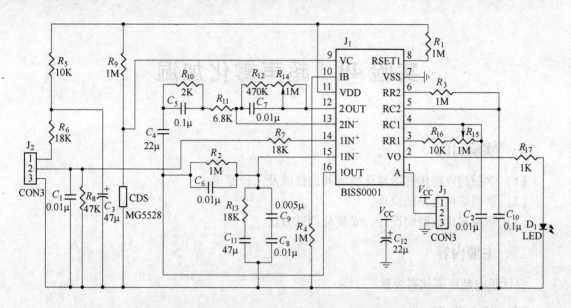

图 39-1　红外避障传感器电路图

八、实验报告

按照实验报告单认真写出设计性实验报告，实验记录应包含最后完整电路的拍照图片。测试电路，记录现象（测量的可监控的范围，可测量的距离）。详细记录实验过程中的问题及处理方法。

实验 40　超声雾化加湿

一、实验目的

（1）掌握超声波传感器雾化换能器的性能及工作原理。
（2）掌握雾化电路的原理。
（3）掌握雾化电路的设计、安装与调试方法。

二、主要内容

设计压电超声雾化器装置。

三、基本要求

（1）原理分析，画出设计电路图（实验前完成）。
（2）按要求实现基本功能。
（3）使用通用焊接电路板完成实物制作。
（4）认真完成设计报告。

四、实验材料清单

实验材料清单见表 40-1。

表 40-1　实验材料清单

类　型	标识符	数　量	类　型	标识符	数　量
0.1μF 聚苯电容	C_4	1	5kΩ	R_5	1
0.01μF 聚苯电容	C_5	1	24μH 磁芯绕线	L_3	1
0.22μH（磁芯绕线）	L_2	1	40μH 磁芯绕线	L_3	1
0.2μH（磁芯绕线）	L_2	1	270μH 色码电感	L_1	2
0.47μF CBB-100V 聚苯电容	C_1		470 电阻	R_4	1
0.47μF CBB-100V 聚苯电容	C_2		1100pF CBB-100V 聚苯电容	C_3	1
0.047μF CBB-100V 聚苯电容	C_2		390pF CBB-100V 聚苯电容	C_3	1
3kΩ	R_1	1	BU406	Q_1	1
5kΩ（可调）	R_2	1	IN4007		1
5kΩ（可调）	R_3	1	湿敏电阻		1

五、实验原理

超声雾化电路主要由超声波发生器、水位控制器组成。超声波发生器主要由三极管

Q_1 构成，Q_1 及其外围元件组成电容三点式 LC 振荡器，Y_2 是超声波换能器，其固有频率 $f_c = 1.65\,\mathrm{MHz}$，电容 C_3、L_2 并联决定工作振荡的振荡幅度，其固有频率略低于 f_c，L_3、C_2 为正反馈元件，其串联固有频率略高于 f_c，D_1 为 VT1 的保护二极管。由于雾化时 Y_2 浸在水中，水位控制器主要由湿敏电阻元器件 Y_1 构成。压电陶瓷片 Y_2 具有很大的等效电感，其决定电路的工作频率，同时也是雾化器的工作负责部件。

六、实验电路图

超声雾化电路如图 40-1 和图 40-2 所示。

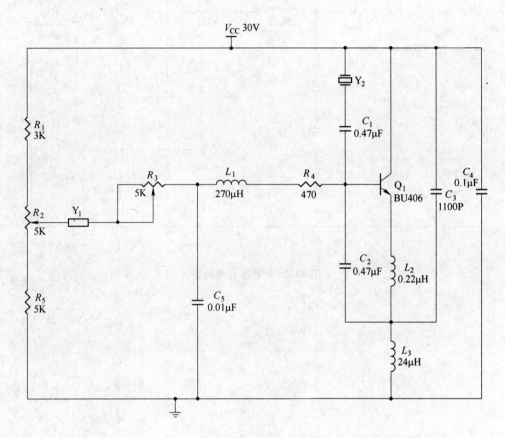

图 40-1　超声雾化电路 1

七、实验安装调试

通用焊接电路板完成实物制作，布局美观、整齐。

八、实验报告

按照实验报告单认真写出设计性实验报告，实验记录应包含有最后完整电路的拍照图片。详细记录实验过程中的问题及处理方法，在记录装配过程时，谈谈对装配过程的感想、体会和收获。

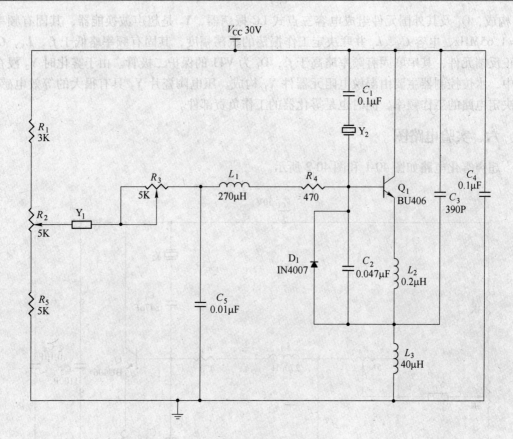

图 40-2　超声雾化电路 2